KLEINE TEXTE FÜR THEOLOGISCHE UND PHILOLOGISCHE VORLESUNGEN UND ÜBUNGEN

HERAUSGEGEBEN VON HANS LIETZMANN

61

LITURGISCHE TEXTE

VI

DIE KLEMENTINISCHE LITURGIE

AUS DEN

CONSTITUTIONES APOSTOLORUM VIII

NEBST ANHÄNGEN

HERAUSGEGEBEN

VON

D. HANS LIETZMANN
O. PROFESSOR IN JENA

BONN
A. MARCUS UND E. WEBER'S VERLAG
1910

Der text dieser handausgabe ist FXFunks großer ausgabe der Didascalia et Constitutiones Apostolorum (Paderborn 1905) entnommen; darunter sind die bibelzitate angegeben. Die anmerkungen weisen auf parallelstellen in anderen bedeutsamen liturgien hin und sollen, ohne auf vollständigkeit der nachweise anspruch zu erheben, für seminaristische übungen über die entwicklungsgeschichte der liturgien die erste anleitung geben. Alle citate gehen, wenn nicht anders bemerkt, auf seite und zeile der genannten ausgaben:

C = Chrysostomusliturgie von Konstantinopel hrsg. Baumstark = Kleine Texte n. 35.

M = Marcusliturgie (text des Rossanensis), citiert nach der grundlegenden ausgabe von CASwainson The greek liturgies, Cambridge 1884: die verweise auf FEBrightman Liturgies eastern and western I, Oxford 1896, der auf Swainson fußt, sind in klammern beigefügt.

J = Jacobusliturgie (text des Parisinus 2509) nach Swainson und (in klammern) Brightman.

R = Ordo missae secundum missale Romanum (Kleine Texte n. 19) nach §§ citiert.

Const. ap. II = liturgie der Const. apost. II nach Kleine Texte n. 5 (2. aufl.) p. 7—10.

Cyr = Cyrillus Hierosolymit. catech. mystag. nach Kleine Texte n. 5 p. 10—16.

Die übrigen citate sind selbstverständlich, 'paginae' bei Justin verweisen auf Kleine Texte n. 5 p. 4—7. Handbücher z. b. von GRietschel Lehrbuch der Liturgik I 1900 und FProbst Liturgie der ersten drei Jahrhunderte 1870. Liturgie des vierten Jahrhunderts 1893. Grundlegend ist PDrews Untersuchungen über die sog. clementinische Liturgie (= Studien z. Geschichte des Gottesdienstes II. III) 1906. Über das eucharistische hochgebet 12_{4-51} handelt ABaumstark in Theologie u. Glaube 1910 heft 5 p. 353—370.

MISSA CATECHUMENORVM

5 [11] *Μετὰ τὴν ἀνάγνωσιν τοῦ νόμου καὶ τῶν προφητῶν τῶν τε ἐπιστολῶν ἡμῶν καὶ τῶν πράξεων καὶ τῶν εὐαγγελίων ἀσπασάσθω ὁ χειροτονηθεὶς τὴν ἐκκλησίαν, λέγων* Ἡ χάρις τοῦ κυρίου ἡμῶν Ἰησοῦ Χριστοῦ καὶ ἡ ἀγάπη τοῦ θεοῦ καὶ πατρὸς καὶ ἡ κοινωνία τοῦ ἁγίου πνεύματος μετὰ πάντων ὑμῶν· *καὶ πάντες ἀποκρινέσθωσαν* Καὶ μετὰ τοῦ πνεύματός σου. [12] *καὶ μετὰ τὴν πρόσρησιν προσλαλησάτω τῷ λαῷ λόγους παρακλήσεως.*

6 *Καὶ πληρώσαντος αὐτοῦ τὸν τῆς διδασκαλίας λόγον, φημὶ ἐγὼ Ἀνδρέας ὁ ἀδελφὸς Πέτρου,* [2] *ἀναστάντων ἁπάντων, ὁ διάκονος ἐφ' ὑψηλοῦ τινος ἀνελθὼν κηρυττέτω* Μήτις τῶν ἀκροωμένων, μήτις τῶν ἀπίστων· [3] *καὶ ἡσυχίας γενομένης, λεγέτω* Εὔξασθε, οἱ κατηχούμενοι· [4] *καὶ πάντες οἱ πιστοὶ κατὰ διάνοιαν ὑπὲρ αὐτῶν προσευχέσθωσαν λέγοντες* Κύριε ἐλέησον.

Διακονείτω δὲ ὑπὲρ αὐτῶν λέγων [5] Ὑπὲρ τῶν κατηχουμένων πάντες ἐκτενῶς τὸν θεὸν παρακαλέσωμεν, ἵνα ὁ ἀγαθὸς καὶ φιλάνθρωπος εὐμενῶς εἰσακούσῃ τῶν δεήσεων αὐτῶν καὶ τῶν παρακλήσεων, καὶ προσδεξάμενος αὐτῶν τὴν ἱκεσίαν ἀντιλάβηται αὐτῶν καὶ δῷ αὐτοῖς τὰ αἰτήματα τῶν καρδιῶν αὐτῶν πρὸς τὸ συμφέρον, ἀποκαλύψῃ αὐτοῖς τὸ εὐαγγέλιον τοῦ Χριστοῦ αὐτοῦ, φωτίσῃ αὐτοὺς καὶ συνετίσῃ, παιδεύσῃ αὐτοὺς τὴν θεογνωσίαν, διδάξῃ αὐτοὺς τὰ προστάγματα αὐτοῦ καὶ τὰ δικαιώματα, ἐγκαταφυτεύσῃ ἐν αὐτοῖς τὸν ἁγνὸν αὐτοῦ καὶ σωτήριον φόβον, διανοίξῃ τὰ ὦτα τῶν καρδιῶν αὐτῶν πρὸς τὸ ἐν τῷ νόμῳ αὐτοῦ καταγίνεσθαι ἡμέρας καὶ νυκτός· [6] βεβαιώσῃ δὲ αὐτοὺς ἐν τῇ εὐσεβείᾳ, ἑνώσῃ καὶ ἐγκαταριθμήσῃ αὐτοὺς τῷ ἁγίῳ αὐτοῦ ποιμνίῳ καταξιώσας αὐτοὺς

4 II Cor. 13, 13 20 Ps. 36, 4 26 Ps. 1, 2

1 C § 6—10. M 16_{5} $_{27}$ (118_{18} 119_{18}). J 227_{25} 233_{28} (36_{2} 38_{19}). R § 8—10. Const. ap. II p. 8_{2}ff. Iust. apol. I c. 67_{3} p. 6_{22}. **8** C § 11. Const. ap. II p. 8_{18}. Iust. apol. I c. 67_{4} p. 6_{25}. **16** C § 13.

τοῦ λουτροῦ τῆς παλιγγενεσίας, τοῦ ἐνδύματος τῆς ἀφθαρσίας, τῆς ὄντως ζωῆς, ῥύσηται δὲ αὐτοὺς ἀπὸ πάσης ἀσεβείας καὶ μὴ δῷ τόπον τῷ ἀλλοτρίῳ κατ᾽ αὐτῶν, καθαρίσῃ δὲ αὐτοὺς ἀπὸ παντὸς μολυσμοῦ σαρκὸς καὶ πνεύματος, ἐνοικήσῃ τε ἐν αὐτοῖς καὶ ἐμπεριπατήσῃ διὰ τοῦ Χριστοῦ αὐτοῦ, εὐλογήσῃ τὰς εἰσόδους αὐτῶν καὶ τὰς ἐξόδους καὶ κατευθύνῃ αὐτοῖς τὰ προκείμενα εἰς τὸ συμφέρον. [7] ἔτι ἐκτενῶς ὑπὲρ αὐτῶν ἱκετεύσωμεν, ἵνα ἀφέσεως τυχόντες τῶν πλημμελημάτων διὰ τῆς μυήσεως ἀξιωθῶσι τῶν ἁγίων μυστηρίων καὶ τῆς μετὰ τῶν ἁγίων διαμονῆς. [8] ἐγείρεσθε, οἱ κατηχούμενοι. τὴν εἰρήνην τοῦ θεοῦ διὰ τοῦ Χριστοῦ αὐτοῦ αἰτήσασθε, εἰρηνικὴν τὴν ἡμέραν καὶ ἀναμάρτητον καὶ πάντα τὸν χρόνον τῆς ζωῆς ὑμῶν, χριστιανὰ ὑμῶν τὰ τέλη, ἵλεω καὶ εὐμενῆ τὸν θεόν, ἄφεσιν πλημμελημάτων. ἑαυτοὺς τῷ μόνῳ ἀγεννήτῳ θεῷ διὰ τοῦ Χριστοῦ αὐτοῦ παράθεσθε. κλίνατε καὶ εὐλογεῖσθε. [9] *ἐφ᾽ ἑκάστῳ δὲ τούτων ὧν ὁ διάκονος προσφωνεῖ, ὡς προείπομεν, λεγέτω ὁ λαὸς* Κύριε ἐλέησον, *καὶ πρὸ πάντων τὰ παιδία.*

[10] *Κλινόντων δὲ αὐτῶν τὰς κεφαλάς, εὐλογείτω αὐτοὺς ὁ χειροτονηθεὶς ἐπίσκοπος εὐλογίαν τοιάνδε* [11] Ὁ θεὸς ὁ παντοκράτωρ, ὁ ἀγέννητος καὶ ἀπρόσιτος, ὁ μόνος ἀληθινὸς θεός, ὁ θεὸς καὶ πατὴρ τοῦ Χριστοῦ σου τοῦ μονογενοῦς υἱοῦ σου, ὁ θεὸς τοῦ παρακλήτου καὶ τῶν ὅλων κύριος, ὁ διὰ Χριστοῦ διδασκάλους τοὺς μαθητὰς ἐπιστήσας πρὸς μάθησιν τῆς εὐσεβείας, [12] αὐτὸς καὶ νῦν ἔπιδε ἐπὶ τοὺς δούλους σου τοὺς κατηχουμένους τὸ εὐαγγέλιον τοῦ Χριστοῦ σου, καὶ δὸς αὐτοῖς καρδίαν καινὴν καὶ πνεῦμα εὐθὲς ἐγκαίνισον ἐν τοῖς ἐγκάτοις αὐτῶν πρὸς τὸ εἰδέναι σε καὶ ποιεῖν τὸ θέλημά σου ἐν καρδίᾳ πλήρει καὶ ψυχῇ θελούσῃ. [13] καταξίωσον αὐτοὺς τῆς ἁγίας μυήσεως καὶ ἕνωσον τῇ ἁγίᾳ σου ἐκκλησίᾳ καὶ μετόχους ποίησον τῶν θείων μυστηρίων διὰ Ἰησοῦ Χριστοῦ,

1 Tit. 3, 5 4 II Cor. 7, 1 5 II Cor. 6, 16 6 Ps. 120, 8
7 Ps. 89, 17 28 Ps. 50, 12 30 II Macc. 1, 3

16 παράθεσθε vgl. Iust. apol. I c. 49_5 c. 61_1. J 235_{35} (40_7) Drews 60.

τῆς ἐλπίδος ἡμῶν, τοῦ ὑπὲρ αὐτῶν ἀποθανόντος· δι᾽ οὗ σοι δόξα καὶ τὸ σέβας ἐν ἁγίῳ πνεύματι εἰς τοὺς αἰῶνας· ἀμήν.

[14] *Καὶ μετὰ τοῦτο ὁ διάκονος λεγέτω* Προέλθετε, οἱ κατηχούμενοι, ἐν εἰρήνῃ.

7 *Καὶ μετὰ τὸ ἐξελθεῖν αὐτοὺς λεγέτω* [2] Εὔξασθε, οἱ ἐνεργούμενοι ὑπὸ πνευμάτων ἀκαθάρτων. ἐκτενῶς πάντες ὑπὲρ αὐτῶν δεηθῶμεν, ὅπως ὁ φιλάνθρωπος θεὸς διὰ Χριστοῦ ἐπιτιμήσῃ τοῖς ἀκαθάρτοις καὶ πονηροῖς πνεύμασι καὶ ῥύσηται τοὺς αὐτοῦ ἱκέτας ἀπὸ τῆς τοῦ ἀλλοτρίου καταδυναστείας· ὁ ἐπιτιμήσας τῷ λεγεῶνι τῶν δαιμόνων καὶ τῷ ἀρχεκάκῳ διαβόλῳ, ἐπιτιμήσῃ αὐτὸς καὶ νῦν τοῖς ἀποστάταις τῆς εὐσεβείας καὶ ῥύσηται τὰ ἑαυτοῦ πλάσματα ἀπὸ τῆς ἐνεργείας αὐτῶν καὶ καθαρίσῃ αὐτά, ἃ μετὰ πολλῆς σοφίας ἐποίησεν. [3] ἔτι ἐκτενῶς ὑπὲρ αὐτῶν δεηθῶμεν. σῶσον καὶ ἀνάστησον αὐτούς, ὁ θεός, ἐν τῇ δυνάμει σου. κλίνατε, οἱ ἐνεργούμενοι, καὶ εὐλογεῖσθε.

[4] *Καὶ ὁ ἐπίσκοπος ἐπευχέσθω λέγων* [5] Ὁ τὸν ἰσχυρὸν δήσας καὶ πάντα τὰ σκεύη αὐτοῦ διαρπάσας, ὁ δοὺς ἡμῖν ἐξουσίαν πατεῖν ἐπάνω ὄφεων καὶ σκορπίων καὶ ἐπὶ πᾶσαν τὴν δύναμιν τοῦ ἐχθροῦ, ὁ τὸν ἀνθρωποκτόνον ὄφιν δεσμώτην παραδοὺς ἡμῖν ὡς στρουθίον παιδίοις, ὃν φρίττει καὶ τρέμει πάντα ἀπὸ προσώπου δυνάμεώς σου, ὁ ῥήξας αὐτὸν ὡς ἀστραπὴν ἐξ οὐρανοῦ εἰς γῆν, οὐ τοπικῷ ῥήγματι, ἀλλὰ ἀπὸ τιμῆς εἰς ἀτιμίαν δι᾽ ἑκούσιον αὐτοῦ κακόνοιαν, [6] οὗ τὸ βλέμμα ξηραίνει ἀβύσσους καὶ ἡ ἀπειλὴ τήκει ὄρη καὶ ἡ ἀλήθεια μένει εἰς τὸν αἰῶνα, ὃν αἰνεῖ τὰ νήπια καὶ εὐλογεῖ τὰ θηλάζοντα, ὃν ὑμνοῦσι καὶ προσκυνοῦσιν ἄγγελοι, [7] ὁ ἐπιβλέπων ἐπὶ τὴν γῆν καὶ ποιῶν αὐτὴν τρέμειν, ὁ ἁπτόμενος τῶν ὀρέων καὶ καπνίζονται, ἀπειλῶν θαλάσσῃ καὶ ξηραίνων αὐτὴν καὶ πάντας τοὺς ποταμοὺς αὐτῆς ἐξερημῶν, οὗ νεφέλαι κονιορτὸς τῶν ποδῶν, ὁ περιπατῶν ἐπὶ θαλάσσης ὡς ἐπ᾽ ἐδάφους,

1 I Tim. 1, 1 10 Marc. 5, 9 16 Matth. 12, 29 18 Luc. 10, 19 20 or. Manass. in Const. ap. II c. 22, 12 21 Luc. 10, 18 24 Ps. 96, 5 Nah. 1, 4 Ps. 116, 2 25 Ps. 8, 3 26 Ps. 103, 32 29 Iob 14, 11 29 Nah. 1, 3. 4 30 Iob 9, 8

6 Iust. dial. c. 30. Drews 65.

[8]μονογενῆ θεέ, μεγάλου πατρὸς υἱέ, ἐπιτίμησον τοῖς πονηροῖς πνεύμασι καὶ ῥῦσαι τὰ ἔργα τῶν χειρῶν σου ἐκ τῆς τοῦ ἀλλοτρίου πνεύματος ἐνεργείας· ὅτι σοὶ δόξα, τιμὴ καὶ σέβας, καὶ διὰ σοῦ τῷ σῷ πατρὶ ἐν ἁγίῳ πνεύματι εἰς τοὺς αἰῶνας· ἀμήν.

[9]*Καὶ ὁ διάκονος λεγέτω* Προέλθετε, οἱ ἐνεργούμενοι.

8 *Καὶ μετ᾽ αὐτοὺς προσφωνείτω* [2]Εὔξασθε, οἱ φωτιζόμενοι. ἐκτενῶς, οἱ πιστοί, πάντες ὑπὲρ αὐτῶν παρακαλέσωμεν, ὅπως ὁ κύριος καταξιώσῃ αὐτούς, μυηθέντας εἰς τὸν τοῦ Χριστοῦ θάνατον, συναναστῆναι αὐτῷ καὶ μετόχους γενέσθαι τῆς βασιλείας αὐτοῦ καὶ κοινωνοὺς τῶν μυστηρίων αὐτοῦ, ἑνώσῃ καὶ συγκαταλέξῃ αὐτοὺς μετὰ τῶν σωζομένων ἐν τῇ ἁγίᾳ αὐτοῦ ἐκκλησίᾳ. [3]ἔτι ἐκτενῶς ὑπὲρ αὐτῶν δεηθῶμεν. σῶσον καὶ ἀνάστησον αὐτοὺς ἐν τῇ σῇ χάριτι.

[4]*Κατασφραγισάμενοι τῷ θεῷ διὰ τοῦ Χριστοῦ αὐτοῦ, κλίναντες εὐλογείσθωσαν παρὰ τοῦ ἐπισκόπου τήνδε τὴν εὐλογίαν* [5]Ὁ προειπὼν διὰ τῶν ἁγίων σου προφητῶν τοῖς μυομένοις Λούσασθε, καθαροὶ γένεσθε, καὶ διὰ τοῦ Χριστοῦ νομοθετήσας τὴν πνευματικὴν ἀναγέννησιν, αὐτὸς καὶ νῦν ἔπιδε ἐπὶ τοὺς βαπτιζομένους καὶ εὐλόγησον αὐτοὺς καὶ ἁγίασον, καὶ παρασκεύασον ἀξίους γενέσθαι τῆς πνευματικῆς σου δωρεᾶς καὶ τῆς ἀληθινῆς σου υἱοθεσίας, τῶν πνευματικῶν σου μυστηρίων, τῆς μετὰ τῶν σωζομένων ἐπισυναγωγῆς διὰ Χριστοῦ τοῦ σωτῆρος ἡμῶν· δι᾽ οὗ σοι δόξα, τιμὴ καὶ σέβας ἐν ἁγίῳ πνεύματι εἰς τοὺς αἰῶνας· ἀμήν.

[6]*Καὶ λεγέτω ὁ διάκονος* Προέλθετε, οἱ φωτιζόμενοι.

9 *Καὶ μετὰ τοῦτο κηρυττέτω* [2]Εὔξασθε, οἱ ἐν μετανοίᾳ. ἐκτενῶς πάντες ὑπὲρ τῶν ἐν μετανοίᾳ ἀδελφῶν ἡμῶν παρακαλέσωμεν, ὅπως ὁ φιλοικτίρμων θεὸς ὑποδείξῃ αὐτοῖς ὁδὸν μετανοίας, προσδέξηται αὐτῶν τὴν παλινῳδίαν καὶ τὴν ἐξομολόγησιν, καὶ συντρίψῃ τὸν Σατανᾶν ὑπὸ τοὺς πόδας αὐτῶν ἐν τάχει, καὶ λυτρώσηται αὐτοὺς ἀπὸ τῆς παγίδος τοῦ διαβόλου καὶ τῆς ἐπηρείας τῶν δαιμόνων, καὶ ἐξέληται αὐτοὺς ἀπὸ παντὸς ἀθεμίτου λόγου καὶ πάσης ἀτόπου πράξεως καὶ πονηρᾶς

18 Is. 1, 16. 31 Rom. 16, 20 32 II Tim. 2, 26

ἐννοίας, [3]συγχωρήσῃ δὲ αὐτοῖς πάντα τὰ παραπτώματα αὐτῶν τά τε ἑκούσια καὶ τὰ ἀκούσια καὶ ἐξαλείψῃ τὸ κατ' αὐτῶν χειρόγραφον καὶ ἐγγράψηται αὐτοὺς ἐν βίβλῳ ζωῆς, καθάρῃ δὲ αὐτοὺς ἀπὸ παντὸς μολυσμοῦ σαρκὸς καὶ πνεύματος καὶ ἑνώσῃ αὐτοὺς ἀποκαταστήσας εἰς τὴν ἁγίαν αὐτοῦ ποίμνην· [4]ὅτι αὐτὸς γινώσκει τὸ πλάσμα ἡμῶν, ὅτι τίς καυχήσεται ἁγνὴν ἔχειν καρδίαν ἢ τίς παρρησιάσεται καθαρὸς εἶναι ἀπὸ ἁμαρτίας; πάντες γάρ ἐσμεν ἐν ἐπιτιμίοις. [5]ἔτι ὑπὲρ αὐτῶν ἐκτενέστερον δεηθῶμεν (ὅτι χαρὰ γίνεται ἐν οὐρανῷ ἐπὶ ἑνὶ ἁμαρτωλῷ μετανοοῦντι), ὅπως ἀποστραφέντες πᾶν ἔργον ἀθέμιτον προσοικειωθῶσι πάσῃ πράξει ἀγαθῇ, ἵνα ὁ φιλάνθρωπος θεὸς ᾗ τάχος εὐμενῶς προσδεξάμενος αὐτῶν τὰς λιτάς, ἀποκαταστήσῃ αὐτοὺς εἰς τὴν προτέραν ἀξίαν καὶ ἀποδώσῃ αὐτοῖς τὴν ἀγαλλίασιν τοῦ σωτηρίου καὶ πνεύματι ἡγεμονικῷ στηρίξῃ αὐτούς, ἵνα μηκέτι σαλευθῶσι τὰ διαβήματα αὐτῶν, ἀλλὰ καταξιωθῶσι κοινωνοὶ γενέσθαι τῶν ἁγίων αὐτοῦ ἱερῶν καὶ μέτοχοι τῶν θείων μυστηρίων, ἵνα ἄξιοι ἀποφανθέντες τῆς υἱοθεσίας, τύχωσι τῆς αἰωνίου ζωῆς. [6]ἔτι ἐκτενῶς πάντες ὑπὲρ αὐτῶν εἴπωμεν Κύριε ἐλέησον· σῶσον αὐτούς, ὁ θεός, καὶ ἀνάστησον τῷ ἐλέει σου.

Ἀναστάντες τῷ θεῷ διὰ τοῦ Χριστοῦ αὐτοῦ κλίνατε καὶ εὐλογεῖσθε.

[7]*Ἐπευχέσθω οὖν ὁ ἐπίσκοπος τοιάδε* [8]Παντοκράτορ θεὲ αἰώνιε, δέσποτα τῶν ὅλων, κτίστα καὶ πρύτανι τῶν πάντων, ὁ τὸν ἄνθρωπον κόσμου κόσμον ἀναδείξας διὰ Χριστοῦ καὶ νόμον δοὺς αὐτῷ ἔμφυτον καὶ γραπτὸν πρὸς τὸ ζῆν αὐτὸν ἐνθέσμως ὡς λογικόν, καὶ ἁμαρτόντι ὑποθήκην δοὺς πρὸς μετάνοιαν τὴν σαυτοῦ ἀγαθότητα· ἔπιδε ἐπὶ τοὺς κεκλικότας σοι αὐχένα ψυχῆς καὶ σώματος, ὅτι οὐ βούλει τὸν θάνατον τοῦ ἁμαρτωλοῦ, ἀλλὰ τὴν μετάνοιαν, ὥστε ἀποστρέψαι αὐτὸν ἀπὸ τῆς ὁδοῦ αὐτοῦ τῆς πονηρᾶς καὶ ζῆν. [9]ὁ Νινευιτῶν προσδεξάμενος τὴν μετάνοιαν, ὁ θέλων πάντας ἀνθρώπους σωθῆναι

---

2 Col. 2, 14 3 Dan. 12, 1 4 II Cor. 7, 1 6 Ps. 102, 14 6 f. Prov. 20, 9 8 Sir. 8, 5 9 Luc. 15, 7 14 Ps. 50, 14 15 Ps. 16, 5 29 Ezech. 33, 11 32 I Tim. 2, 4

καὶ εἰς ἐπίγνωσιν ἀληθείας ἐλθεῖν, ὁ τὸν υἱὸν προσδεξάμενος τὸν καταφαγόντα τὸν βίον αὐτοῦ ἀσώτως πατρικοῖς σπλάγχνοις διὰ τὴν μετάνοιαν, αὐτὸς καὶ νῦν πρόσδεξαι τῶν ἱκετῶν σου τὴν μετάγνωσιν, ὅτι οὐκ ἔστιν ὃς οὐχ ἁμαρτήσεταί σοι (ἐὰν γὰρ ἀνομίας παρατηρήσῃ, κύριε κύριε, τίς ὑποστήσεται; ὅτι παρὰ σοὶ ὁ ἱλασμός ἐστι) [10] καὶ ἀποκατάστησον αὐτοὺς τῇ ἁγίᾳ σου ἐκκλησίᾳ ἐν τῇ προτέρᾳ ἀξίᾳ καὶ τιμῇ διὰ τοῦ Χριστοῦ, τοῦ θεοῦ καὶ σωτῆρος ἡμῶν, δι᾽ οὗ σοι δόξα καὶ προσκύνησις ἐν ἁγίῳ πνεύματι εἰς τοὺς αἰῶνας· ἀμήν.

[11] *Καὶ ὁ διάκονος λεγέτω* Ἀπολύεσθε, οἱ ἐν μετανοίᾳ.

MISSA FIDELIVM

10 *Καὶ προστιθέτω* [2] Μή τις τῶν μὴ δυναμένων προσελθέτω. ὅσοι πιστοί, κλίνωμεν γόνυ· δεηθῶμεν τοῦ θεοῦ διὰ τοῦ Χριστοῦ αὐτοῦ, πάντες συντόνως τὸν θεὸν διὰ τοῦ Χριστοῦ αὐτοῦ παρακαλέσωμεν. [3] ὑπὲρ τῆς εἰρήνης καὶ τῆς εὐσταθείας τοῦ κόσμου καὶ τῶν ἁγίων ἐκκλησιῶν δεηθῶμεν, ὅπως ὁ τῶν ὅλων θεὸς αΐδιον καὶ ἀναφαίρετον τὴν ἑαυτοῦ εἰρήνην ἡμῖν παράσχοιτο, ἵνα ἐν πληροφορίᾳ τῆς κατ᾽ εὐσέβειαν ἀρετῆς διατελοῦντας ἡμᾶς συντηρήσῃ. [4] ὑπὲρ τῆς ἁγίας καθολικῆς καὶ ἀποστολικῆς ἐκκλησίας τῆς ἀπὸ περάτων ἕως περάτων δεηθῶμεν, ὅπως ὁ κύριος ἄσειστον αὐτὴν καὶ ἀκλυδώνιστον διαφυλάξῃ καὶ διατηρήσῃ μέχρι τῆς συντελείας τοῦ αἰῶνος τεθεμελιωμένην ἐπὶ τὴν πέτραν· [5] καὶ ὑπὲρ τῆς ἐνθάδε ἁγίας παροικίας δεηθῶμεν, ὅπως καταξιώσῃ ἡμᾶς ὁ τῶν ὅλων κύριος ἀνενδότως τὴν ἐπουράνιον αὐτοῦ ἐλπίδα μεταδιώκειν καὶ ἀδιάλειπτον αὐτῷ τῆς δεήσεως ἀποδιδόναι τὴν ὀφειλήν. [6] ὑπὲρ πάσης ἐπισκοπῆς τῆς ὑπὸ τὸν οὐρανὸν τῶν ὀρθοτομούντων τὸν λόγον

---

2 Luc. 15, 13 4 III Reg. 8, 46 5 Ps. 129, 3. 4 19 Ps. 71, 8
21 Matth. 28, 20. 7, 25 26 II Tim. 2, 15.

14—10, 15 vgl. c. 12_{40-50}. Drews 67. M 18_2—22_8 (119 f.) 6_{16}—12_9 (114_{19}—116_{20}). J 225. 231—235 (34—40). I Clem. c. 59_{2-4}. Drews 40. **14** εἰρήνης: M $32_{1\ 8}$ ($126_{16\ 21}$). J 225_1 (34_9) 231_1 (36_{21}) 233_{28} (39_1) 247_{31} (44_{25}) 303_1 (57_{23}). Const. ap. II p. 9_{26}. **15** κόσμου: J 225_4 (34_{14}) 231_2 (36_{25}) 233_{29} (39_6) 247_{34} (44_{30}) 303_2 (57_{24}). Cyr. 15_{15}. ἐκκλησιῶν: J 233_{30} (39_8) 247_{36} (45_1) 303_3 (57_{26}). **24** R § 20b Drews 136.

τῆς σῆς ἀληθείας δεηθῶμεν· [7]καὶ ὑπὲρ τοῦ ἐπισκόπου ἡμῶν Ἰακώβου καὶ τῶν παροικιῶν αὐτοῦ δεηθῶμεν, ὑπὲρ τοῦ ἐπισκόπου ἡμῶν Κλήμεντος καὶ τῶν παροικιῶν αὐτοῦ δεηθῶμεν, ὑπὲρ τοῦ ἐπισκόπου ἡμῶν Εὐοδίου καὶ τῶν παροικιῶν αὐτοῦ δεηθῶμεν, ὑπὲρ τοῦ ἐπισκόπου ἡμῶν Ἀννιανοῦ καὶ τῶν παροικιῶν αὐτοῦ δεηθῶμεν, ὅπως ὁ οἰκτίρμων θεὸς χαρίσηται αὐτοὺς ταῖς ἁγίαις αὐτοῦ ἐκκλησίαις σώους, ἐντίμους, μακροημερεύοντας, καὶ τίμιον αὐτοῖς τὸ γῆρας παράσχηται ἐν εὐσεβείᾳ καὶ δικαιοσύνῃ· [8]καὶ ὑπὲρ τῶν πρεσβυτέρων ἡμῶν δεηθῶμεν, ὅπως ὁ κύριος ῥύσηται αὐτοὺς ἀπὸ παντὸς ἀτόπου καὶ πονηροῦ πράγματος καὶ σῶον καὶ ἔντιμον τὸ πρεσβυτέριον αὐτοῖς παράσχοι. [9]ὑπὲρ πάσης τῆς ἐν Χριστῷ διακονίας καὶ ὑπηρεσίας δεηθῶμεν, ὅπως ὁ κύριος ἄμεμπτον αὐτοῖς τὴν διακονίαν παράσχηται. [10]ὑπὲρ ἀναγνωστῶν, ψαλτῶν, παρθένων, χηρῶν τε καὶ ὀρφανῶν δεηθῶμεν. ὑπὲρ τῶν ἐν συζυγίαις καὶ τεκνογονίαις δεηθῶμεν, ὅπως ὁ κύριος τοὺς πάντας αὐτοὺς ἐλεήσῃ. [11]ὑπὲρ εὐνούχων ὁσίως πορευομένων δεηθῶμεν. ὑπὲρ τῶν ἐν ἐγκρατείᾳ καὶ εὐλαβείᾳ δεηθῶμεν. [12]ὑπὲρ τῶν καρποφορούντων ἐν τῇ ἁγίᾳ ἐκκλησίᾳ καὶ ποιούντων τοῖς πένησι τὰς ἐλεημοσύνας δεηθῶμεν, καὶ ὑπὲρ τῶν τὰς θυσίας καὶ τὰς ἀπαρχὰς προσφερόντων κυρίῳ τῷ θεῷ ἡμῶν δεηθῶμεν, ὅπως ὁ πανάγαθος θεὸς ἀμείψηται αὐτοὺς ταῖς ἐπουρανίαις αὐτοῦ δωρεαῖς καὶ δῷ αὐτοῖς ἐν τῷ παρόντι ἑκατονταπλασίονα καὶ ἐν τῷ μέλλοντι ζωὴν αἰώνιον, καὶ χαρίσηται αὐτοῖς ἀντὶ τῶν προσκαίρων τὰ αἰώνια, ἀντὶ τῶν ἐπιγείων τὰ ἐπουράνια. [13]ὑπὲρ τῶν νεοφωτίστων ἀδελφῶν ἡμῶν δεηθῶμεν, ὅπως ὁ κύριος στηρίξῃ αὐτοὺς καὶ βεβαιώσῃ. [14]ὑπὲρ τῶν ἐν ἀρρωστίᾳ ἐξεταζομένων ἀδελφῶν ἡμῶν δεηθῶμεν, ὅπως ὁ κύριος ῥύσηται αὐτοὺς πάσης νόσου καὶ πάσης μαλακίας, καὶ σώους ἀποκαταστήσῃ τῇ ἁγίᾳ αὐτοῦ ἐκκλησίᾳ. [15]ὑπὲρ πλεόντων καὶ ὁδοιπορούντων

8 Sap. Sal. 4, 8   29 Matth. 4, 23

1 vgl. C 13_7. M 8_{15} (115_8) 20_{13} (121_{14}) 42_{29} (129_{33}). J 225_8 (34_{20}) 231_4 (36_{31}) 235_1 (39_{10}). R § 19. **18** καρποφορούντων: C 13_{10}. J 249_{13} (45_{27}) 289_4 (56_{12}). **21** προσφερόντων: M 42_{18} (129_{25}). R § 20. vgl. J 249_{16} (45_{35}). **26** Iust. apol. I c. 65_1 p. 5_{12}.

δεηθῶμεν. ὑπὲρ τῶν ἐν μετάλλοις καὶ ἐξορίαις καὶ φυλακαῖς καὶ δεσμοῖς ὄντων διὰ τὸ ὄνομα τοῦ κυρίου δεηθῶμεν. ὑπὲρ τῶν ἐν πικρᾷ δουλείᾳ καταπονουμένων δεηθῶμεν. [16]ὑπὲρ ἐχθρῶν καὶ μισούντων ἡμᾶς δεηθῶμεν. ὑπὲρ τῶν διωκόντων ἡμᾶς διὰ τὸ ὄνομα τοῦ κυρίου δεηθῶμεν, ὅπως ὁ κύριος πραΰνας τὸν θυμὸν αὐτῶν διασκεδάσῃ τὴν καθ᾽ ἡμῶν ὀργήν. [17]ὑπὲρ τῶν ἔξω ὄντων καὶ πεπλανημένων δεηθῶμεν, ὅπως ὁ κύριος αὐτοὺς ἐπιστρέψῃ. [18]τῶν νηπίων τῆς ἐκκλησίας μνημονεύσωμεν, ὅπως ὁ κύριος τελειώσας αὐτὰ ἐν τῷ φόβῳ αὐτοῦ εἰς μέτρον ἡλικίας ἀγάγοι. [19]ὑπὲρ ἀλλήλων δεηθῶμεν, ὅπως ὁ κύριος διατηρήσῃ ἡμᾶς καὶ φυλάξῃ τῇ αὐτοῦ χάριτι εἰς τέλος καὶ ῥύσηται ἡμᾶς τοῦ πονηροῦ καὶ πάντων τῶν σκανδάλων τῶν ἐργαζομένων τὴν ἀνομίαν καὶ σώσῃ εἰς τὴν βασιλείαν αὐτοῦ τὴν ἐπουράνιον. [20]ὑπὲρ πάσης ψυχῆς Χριστιανῆς δεηθῶμεν. [21]σῶσον καὶ ἀνάστησον ἡμᾶς, ὁ θεός, τῷ ἐλέει σου. [22]ἐγειρώμεθα· δεηθέντες ἐκτενῶς ἑαυτοὺς καὶ ἀλλήλους τῷ ζῶντι θεῷ διὰ τοῦ Χριστοῦ αὐτοῦ παραθώμεθα.

11 *Ἐπευχέσθω οὖν ὁ ἀρχιερεὺς καὶ λεγέτω* [2]Κύριε παντοκράτορ, ὕψιστε ὁ ἐν ὑψηλοῖς κατοικῶν, ἅγιε ἐν ἁγίοις ἀναπαυόμενε, ἄναρχε, μόναρχε, ὁ διὰ Χριστοῦ κήρυγμα γνώσεως δοὺς ἡμῖν εἰς ἐπίγνωσιν τῆς σῆς δόξης καὶ τοῦ ὀνόματός σου οὗ ἐφανέρωσεν ἡμῖν εἰς κατάληψιν· [3]αὐτὸς καὶ νῦν ἔπιδε δι᾽ αὐτοῦ ἐπὶ τὸ ποίμνιόν σου τοῦτο καὶ λύτρωσαι αὐτὸ πάσης ἀγνοίας καὶ πονηρᾶς πράξεως, καὶ δὸς φόβῳ φοβεῖσθαί σε καὶ ἀγάπῃ ἀγαπᾶν σε καὶ στέλλεσθαι ἀπὸ προσώπου δόξης σου· [4]εὐμενὴς αὐτοῖς γενοῦ καὶ ἵλεως καὶ ἐπήκοος ἐν ταῖς προσευχαῖς αὐτῶν καὶ φύλαξον αὐτοὺς ἀτρέπτους, ἀμέμπτους, ἀνεγκλήτους, ἵνα ὦσιν ἅγιοι σώματι καὶ ψυχῇ, μὴ ἔχοντες σπῖλον ἢ ῥυτίδα ἤ τι τῶν τοιούτων, ἀλλ᾽ ἵνα ὦσιν ἄρτιοι καὶ μηδεὶς ἐν αὐτοῖς ᾖ κολοβὸς ἢ ἀτελής.

---

4 Matth. 10, 22. 5, 44 10 Eph. 4, 13 12 Ps. 140, 9 19 Is. 57, 15 28 Col. 1, 22 29 Eph. 5, 27

---

2 I Clem. c. 59_4 Drews 43. **4** Iust. ap. I c. 14_3 Drews 68. **7** I Clem. c. 59_4 Drews 43. **12** ῥύσηται etc.: M 10_{28} (116_9). J 225_{15} (34_{30}) 225_{32} (34_{11}) 231_7 (37_4) 235_5 (39_{14}) 251_{29} (47_{12}). **14** πάσης ψυχῆς: M 34_5 (127_5) 44_{18} (130_{14}). J 251_{20} (46_{30}) 285_{28} (55_{27}). **26** ff. vgl. C § 15 b. 16. M 10_{28} ff. (116_9 ff.). J 217 f. (32).

[5] ἀρωγὲ δυνατὲ ἀπροσωπόληπτε, γενοῦ ἀντιλήπτωρ τοῦ λαοῦ σου τούτου, ὃν ἐξελέξω ἐκ μυριάδων, ὃν ἐξηγόρασας τῷ τιμίῳ τοῦ Χριστοῦ σου αἵματι, προστάτης, ἐπίκουρος, ταμίας, φύλαξ, τεῖχος ἐρυμνότατον, φραγμὸς ἀσφαλείας· ὅτι ἐκ τῆς σῆς χειρὸς οὐδεὶς ἁρπάσαι δύναται, οὐδὲ γὰρ ἔστι θεὸς ὥσπερ σὺ ἕτερος, ὅτι ἐν σοὶ ἡ ὑπομονὴ ἡμῶν. [6] ἁγίασον αὐτοὺς ἐν τῇ ἀληθείᾳ σου, ὅτι ὁ λόγος ὁ σὸς ἀλήθειά ἐστιν, ἀπροσχάριστε ἀπαραλόγιστε· ῥῦσαι αὐτοὺς πάσης νόσου καὶ πάσης μαλακίας, παντὸς παραπτώματος, πάσης ἐπηρείας καὶ ἀπάτης, ἀπὸ φόβου ἐχθροῦ, ἀπὸ βέλους πετομένου ἡμέρας, ἀπὸ πράγματος ἐν σκότει διαπορευομένου· καὶ καταξίωσον αὐτοὺς τῆς αἰωνίου ζωῆς τῆς ἐν Χριστῷ σου τῷ υἱῷ σου τῷ μονογενεῖ, τῷ θεῷ καὶ σωτῆρι ἡμῶν, δι᾽ οὗ σοι δόξα καὶ σέβας ἐν ἁγίῳ πνεύματι νῦν καὶ ἀεὶ καὶ εἰς τοὺς αἰῶνας τῶν αἰώνων· ἀμήν.

[7] *Καὶ μετὰ τοῦτο λεγέτω ὁ διάκονος* Πρόσχωμεν. [8] *καὶ ἀσπαζέσθω ὁ ἐπίσκοπος τὴν ἐκκλησίαν καὶ λεγέτω* Ἡ εἰρήνη τοῦ θεοῦ μετὰ πάντων ὑμῶν, *καὶ ὁ λαὸς ἀποκρινάσθω* Καὶ μετὰ τοῦ πνεύματός σου. [9] *καὶ ὁ διάκονος εἰπάτω πᾶσιν* Ἀσπάσασθε ἀλλήλους ἐν φιλήματι ἁγίῳ. *καὶ ἀσπαζέσθωσαν οἱ τοῦ κλήρου τὸν ἐπίσκοπον, οἱ λαϊκοὶ ἄνδρες τοὺς λαϊκούς, αἱ γυναῖκες τὰς γυναῖκας.*

[10] *Τὰ παιδία δὲ στηκέτωσαν πρὸς τῷ βήματι, καὶ διάκονος αὐτοῖς ἕτερος ἔστω ἐφεστώς, ὅπως μὴ ἀτακτῶσιν· καὶ ἄλλοι διάκονοι περιπατείτωσαν καὶ σκοπείτωσαν τοὺς ἄνδρας καὶ τὰς γυναῖκας, ὅπως μὴ θόρυβός τις γένηται καὶ μή τις νεύσῃ ἢ ψιθυρίσῃ ἢ νυστάξῃ.* [11] *οἱ δὲ διάκονοι ἱστάσθωσαν εἰς τὰς τῶν ἀνδρῶν θύρας καὶ οἱ ὑποδιάκονοι εἰς τὰς τῶν γυναικῶν, ὅπως μή τις ἐξέλθοι μήτε ἀνοιχθείη ἡ θύρα, κἂν πιστός τις ᾖ, κατὰ τὸν καιρὸν τῆς ἀναφορᾶς.* [12] *εἷς δὲ ὑποδιάκονος διδότω ἀπόρρυψιν*

3 Act. 20, 28 4 Joh. 10, 29 5 Is. 45, 5 6 Ps. 61, 6 6 Joh. 17, 17
8 Matth. 4, 23 10 Ps. 63, 2. 90, 5. 6 18 I Cor. 16, 20

1 I Clem. c. 59_{3-4} Drews 42. **17** C 6_{30}. M 22_{10} (122_{12}). J 245_{24} (43_{30}). R § 32b. **19** C 6_{31}. M 24_{16} (123_{15}). J 245_{26} (44_{1}). R § 34. Just. apol. I 65_{2} p. 5_{15}. Const. ap. II p. 9_{21} Cyr. 14_{19}. **30** R § 16. Cyr. 14_{12}.

χειρῶν τοῖς ἱερεῦσι, σύμβολον καθαρότητος ψυχῶν θεῷ ἀνακειμένων.

12 *Φημὶ δὴ κἀγὼ Ἰάκωβος, ὁ ἀδελφὸς Ἰωάννου τοῦ Ζεβεδαίου, ἵνα εὐθὺς ὁ διάκονος λέγῃ* [2]Μή τις τῶν κατηχουμένων; μή τις τῶν ἀκροωμένων; μή τις τῶν ἀπίστων; μή τις τῶν ἑτεροδόξων; οἱ τὴν πρώτην εὐχὴν εὐχόμενοι προσέλθετε. τὰ παιδία προσλαμβάνεσθε, αἱ μητέρες. μή τις κατά τινος; μή τις ἐν ὑποκρίσει; ὀρθοὶ πρὸς κύριον μετὰ φόβου καὶ τρόμου ἑστῶτες ὦμεν προσφέρειν.

[3]*Ὧν γενομένων οἱ διάκονοι προσαγέτωσαν τὰ δῶρα τῷ ἐπισκόπῳ πρὸς τὸ θυσιαστήριον, καὶ οἱ πρεσβύτεροι ἐκ δεξιῶν αὐτοῦ καὶ ἐξ εὐωνύμων στηκέτωσαν, ὡς ἂν μαθηταὶ παρεστῶτες διδασκάλῳ· δύο δὲ διάκονοι ἐξ ἑκατέρων τῶν μερῶν τοῦ θυσιαστηρίου κατεχέτωσαν ἐξ ὑμένων λεπτῶν ῥιπίδιον ἢ πτερὸν ταῶνος ἢ ὀθόνης, καὶ ἠρέμα ἀποσοβείτωσαν τὰ μικρὰ τῶν ἱπταμένων ζῴων, ὅπως ἂν μὴ ἐγχρίμπτωνται εἰς τὰ κύπελλα.*

[4]*Εὐξάμενος οὖν καθ' ἑαυτὸν ὁ ἀρχιερεὺς ἅμα τοῖς ἱερεῦσι καὶ λαμπρὰν ἐσθῆτα μετενδὺς καὶ στὰς πρὸς τῷ θυσιαστηρίῳ, τὸ τρόπαιον τοῦ σταυροῦ κατὰ τοῦ μετώπου τῇ χειρὶ ποιησάμενος εἰπάτω* Ἡ χάρις τοῦ παντοκράτορος θεοῦ καὶ ἡ ἀγάπη τοῦ κυρίου ἡμῶν Ἰησοῦ Χριστοῦ καὶ ἡ κοινωνία τοῦ ἁγίου πνεύματος ἔστω μετὰ πάντων ὑμῶν· *καὶ πάντες συμφώνως λεγέτωσαν ὅτι* Καὶ μετὰ τοῦ πνεύματός σου. [5]*καὶ ὁ ἀρχιερεὺς* Ἄνω τὸν νοῦν, *καὶ πάντες* Ἔχομεν πρὸς τὸν κύριον. *καὶ ὁ ἀρχιερεὺς* Εὐχαριστήσωμεν τῷ κυρίῳ, *καὶ πάντες* Ἄξιον καὶ δίκαιον.

Καὶ ὁ ἀρχιερεὺς εἰπάτω [6]Ἄξιον ὡς ἀληθῶς καὶ δίκαιον πρὸ πάντων ἀνυμνεῖν σε τὸν ὄντως ὄντα θεὸν τὸν πρὸ τῶν γενητῶν ὄντα, ἐξ οὗ πᾶσα πατριὰ ἐν οὐρανῷ καὶ ἐπὶ

---

21 II Cor. 13, 13   30 Eph. 3, 15

---

4 C 6_{33}. M 22_{12} (122_{16}). J 239_1 (41_5). **8** Const. ap. II 9_{19}. M 24_{28} (123_{24}). ὀρθοί C 7_1. **10** Const. ap. II 9_{15}. Justin ap. I c. 65_8 p. 5_{16}. **18** καθ' ἑαυτόν vgl. R § 17b 'secreta'. **21** C 7_3. J 267_{10} (49_{32}). M 28_{16} (125_7). **25** C 7_7. M 28_{18} (125_{11}). J 267_{15} (50_4). R § 18.

γῆς ὀνομάζεται, τὸν μόνον ἀγέννητον καὶ ἄναρχον καὶ ἀβασίλευτον καὶ ἀδέσποτον, τὸν ἀνενδεῆ, τὸν παντὸς ἀγαθοῦ χορηγόν, τὸν πάσης αἰτίας καὶ γενέσεως κρείττονα, τὸν πάντοτε κατὰ τὰ αὐτὰ καὶ ὡσαύτως ἔχοντα· ἐξ οὗ τὰ πάντα, καθάπερ ἔκ τινος ἀφετηρίας, εἰς τὸ εἶναι παρῆλθεν. [7] σὺ γὰρ εἶ ἡ ἄναρχος γνῶσις, ἡ αἴδιος ὅρασις, ἡ ἀγέννητος ἀκοή, ἡ ἀδίδακτος σοφία, ὁ πρῶτος τῇ φύσει καὶ μόνος τῷ εἶναι καὶ κρείττων παντὸς ἀριθμοῦ, ὁ τὰ πάντα ἐκ τοῦ μὴ ὄντος εἰς τὸ εἶναι παραγαγὼν διὰ τοῦ μονογενοῦς σου υἱοῦ, αὐτὸν δὲ πρὸ πάντων αἰώνων γεννήσας βουλήσει καὶ δυνάμει καὶ ἀγαθότητι ἀμεσιτεύτως, υἱὸν μονογενῆ, λόγον θεόν, σοφίαν ζῶσαν, πρωτότοκον πάσης κτίσεως, ἄγγελον τῆς μεγάλης βουλῆς σου, ἀρχιερέα σόν, βασιλέα δὲ καὶ κύριον πάσης νοητῆς καὶ αἰσθητῆς φύσεως, τὸν πρὸ πάντων, δι' οὗ τὰ πάντα. [8] σὺ γάρ, θεὲ αἰώνιε, δι' αὐτοῦ τὰ πάντα πεποίηκας καὶ δι' αὐτοῦ τῆς προσηκούσης προνοίας τὰ ὅλα ἀξιοῖς· δι' οὗ γὰρ τὸ εἶναι ἐχαρίσω, δι' αὐτοῦ καὶ τὸ εὖ εἶναι ἐδωρήσω· ὁ θεὸς καὶ πατὴρ τοῦ μονογενοῦς υἱοῦ σου, ὁ δι' αὐτοῦ πρὸ πάντων ποιήσας τὰ Χερουβὶμ καὶ τὰ Σεραφὶμ αἰῶνάς τε καὶ στρατιὰς δυνάμεις τε καὶ ἐξουσίας ἀρχάς τε καὶ θρόνους ἀρχαγγέλους τε καὶ ἀγγέλους, καὶ μετὰ ταῦτα πάντα ποιήσας δι' αὐτοῦ, τὸν φαινόμενον τοῦτον κόσμον καὶ πάντα τὰ ἐν αὐτῷ. [9] σὺ γὰρ εἶ ὁ τὸν οὐρανὸν ὡς καμάραν στήσας καὶ ὡς δέρριν ἐκτείνας καὶ τὴν γῆν ἐπ' οὐδενὸς ἱδρύσας γνώμῃ μόνῃ, ὁ πήξας στερέωμα καὶ νύκτα καὶ ἡμέραν κατασκευάσας, ὁ ἐξαγαγὼν φῶς ἐκ θησαυρῶν καὶ τῇ τούτου συστολῇ ἐπαγαγὼν τὸ σκότος εἰς ἀνάπαυλαν τῶν ἐν τῷ κόσμῳ κινουμένων ζῴων, ὁ τὸν ἥλιον τάξας εἰς ἀρχὰς τῆς ἡμέρας ἐν οὐρανῷ καὶ τὴν σελήνην εἰς ἀρχὰς τῆς νυκτὸς καὶ τὸν χορὸν τῶν ἀστέρων ἐν οὐρανῷ καταγράψας εἰς αἶνον τῆς σῆς μεγαλο-

4 I Cor. 8, 6 8 Rom. 4, 17 11 Col. 1, 15 12 Is. 9, 6
15 I Cor. 8, 6 23 Is. 40, 22 Ps. 103, 2 24 Iob 26, 7

8 C 7_{15}. **19** Cyr. 14_{30} ff. **23** M 30_5 (125_{26}). Cyr. 14_{28} ff.; zu c. 12_{9-16} vgl. I Clem. c. 20. c. 33_{2-8}. Const. apost. VII c. 34. Hermas vis. I c. 3_4. Drews 14 ff. Novatian de trin. c. 1 Drews 108 ff. vgl. Baumstark s. 367 ff,

πρεπείας, [10]ὁ ποιήσας ὕδωρ πρὸς πόσιν καὶ κάθαρσιν, ἀέρα ζωτικὸν πρὸς εἰσπνοὴν καὶ ἀναπνοὴν καὶ φωνῆς ἀπόδοσιν διὰ γλώττης πληττούσης τὸν ἀέρα καὶ ἀκοὴν συνεργουμένην ὑπ' αὐτοῦ ὡς ἐπαΐειν εἰσδεχομένην τὴν προσπίπτουσαν αὐτῇ λαλιάν, [11]ὁ ποιήσας πῦρ πρὸς σκότους παραμυθίαν, πρὸς ἐνδείας ἀναπλήρωσιν καὶ τὸ θερμαίνεσθαι ἡμᾶς καὶ φωτίζεσθαι ὑπ' αὐτοῦ, [12]ὁ τὴν μεγάλην θάλασσαν χωρίσας τῆς γῆς καὶ τὴν μὲν ἀναδείξας πλωτήν, τὴν δὲ ποσὶ βάσιμον ποιήσας, καὶ τὴν μὲν ζῴοις μικροῖς καὶ μεγάλοις πληθύνας, τὴν δὲ ἡμέροις καὶ ἀτιθάσοις πληρώσας φυτοῖς τε διαφόροις στέψας καὶ βοτάναις στεφανώσας καὶ ἄνθεσι καλλύνας καὶ σπέρμασι πλουτίσας, [13]ὁ συστησάμενος ἄβυσσον καὶ μέγα κύτος αὐτῇ περιθείς, ἁλμυρῶν ὑδάτων σεσωρευμένα πελάγη, περιφράξας δὲ αὐτὴν πύλαις ἄμμου λεπτοτάτης, ὁ πνεύμασί ποτε μὲν αὐτὴν κορυφῶν εἰς ὀρέων μέγεθος, ποτὲ δὲ στρωννύων αὐτὴν εἰς πεδίον, καὶ ποτὲ μὲν ἐκμαίνων χειμῶνι, ποτὲ δὲ πραΰνων γαλήνῃ ὡς ναυσιπόροις πλωτῆρσιν εὔκολον εἶναι πρὸς πορείαν, [14]ὁ ποταμοῖς διαζώσας τὸν ὑπὸ σοῦ διὰ Χριστοῦ γενόμενον κόσμον καὶ χειμάρροις ἐπικλύσας καὶ πηγαῖς ἀενάοις μεθύσας, ὄρεσι δὲ περισφίγξας εἰς ἕδραν ἀτρεμῆ γῆς ἀσφαλεστάτην. [15]ἐπλήρωσας γάρ σου τὸν κόσμον καὶ διεκόσμησας αὐτὸν βοτάναις εὐόσμοις καὶ ἰασίμοις, ζῴοις πολλοῖς καὶ διαφόροις, ἀλκίμοις καὶ ἀσθενεστέροις, ἐδωδίμοις καὶ ἐνεργοῖς, ἡμέροις καὶ ἀτιθάσοις, ἑρπετῶν συριγμοῖς, πτηνῶν ποικίλων κλαγγαῖς, ἐνιαυτῶν κύκλοις, μηνῶν καὶ ἡμερῶν ἀριθμοῖς, τροπῶν τάξεσι, νεφῶν ὀμβροτόκων διαδρομαῖς εἰς καρπῶν γονὰς καὶ ζῴων σύστασιν, σταθμὸν ἀνέμων διαπνεόντων, ὅτε προσταχθῶσι παρὰ σοῦ, τῶν φυτῶν καὶ τῶν βοτανῶν τὸ πλῆθος. [16]καὶ οὐ μόνον τὸν κόσμον ἐδημιούργησας, ἀλλὰ καὶ τὸν κοσμοπολίτην ἄνθρωπον ἐν αὐτῷ ἐποίησας, κόσμου κόσμον αὐτὸν ἀναδείξας· εἶπας γὰρ τῇ σῇ σοφίᾳ Ποιήσωμεν ἄνθρωπον κατ' εἰκόνα ἡμετέραν καὶ καθ' ὁμοίωσιν, καὶ ἀρχέτωσαν τῶν ἰχθύων τῆς

---

13 f. Iob 38, 8   31 Gen. 1, 26

---

30 M 30$_{8}$ (125$_{28}$). J 271$_{10}$ (51$_{12}$).

θαλάσσης καὶ τῶν πετεινῶν τοῦ οὐρανοῦ. [17] διὸ καὶ πεποίηκας αὐτὸν ἐκ ψυχῆς ἀθανάτου καὶ σώματος σκεδαστοῦ, τῆς μὲν ἐκ τοῦ μὴ ὄντος, τοῦ δὲ ἐκ τῶν τεσσάρων στοιχείων, καὶ δέδωκας αὐτῷ κατὰ μὲν τὴν ψυχὴν τὴν λογικὴν διάγνωσιν, εὐσεβείας καὶ ἀσεβείας διάκρισιν, δικαίου καὶ ἀδίκου παρατήρησιν, κατὰ δὲ τὸ σῶμα τὴν πένταθλον ἐχαρίσω αἴσθησιν καὶ τὴν μεταβατικὴν κίνησιν. [18] σὺ γάρ, θεὲ παντοκράτορ, διὰ Χριστοῦ παράδεισον ἐν Ἐδὲμ κατὰ ἀνατολὰς ἐφύτευσας παντοίων φυτῶν ἐδωδίμων κόσμῳ, καὶ ἐν αὐτῷ, ὡς ἂν ἐν ἑστίᾳ πολυτελεῖ, εἰσήγαγες αὐτόν, κἂν τῷ ποιεῖν νόμον δέδωκας αὐτῷ ἔμφυτον, ὅπως οἴκοθεν καὶ παρ᾽ ἑαυτοῦ ἔχοι τὰ σπέρματα τῆς θεογνωσίας. [19] εἰσαγαγὼν δὲ εἰς τὸν τῆς τρυφῆς παράδεισον, πάντων μὲν ἀνῆκας αὐτῷ τὴν ἐξουσίαν πρὸς μετάληψιν, ἑνὸς δὲ μόνου τὴν γεῦσιν ἀπεῖπας ἐπ᾽ ἐλπίδι κρειττόνων, ἵν᾽, ἐὰν φυλάξῃ τὴν ἐντολήν, μισθὸν ταύτης τὴν ἀθανασίαν κομίσηται. [20] ἀμελήσαντα δὲ τῆς ἐντολῆς καὶ γευσάμενον ἀπηγορευμένου καρποῦ ἀπάτῃ ὄφεως καὶ συμβουλίᾳ γυναικὸς τοῦ μὲν παραδείσου δικαίως ἐξώσας αὐτόν, ἀγαθότητι δὲ εἰς τὸ παντελὲς ἀπολλύμενον οὐχ ὑπερεῖδες (σὸν γὰρ ἦν δημιούργημα), ἀλλὰ καθυποτάξας αὐτῷ τὴν κτίσιν δέδωκας αὐτῷ οἰκείοις ἱδρῶσι καὶ πόνοις πορίζειν ἑαυτῷ τὴν τροφήν, σοῦ πάντα φύοντος καὶ αὔξοντος καὶ πεπαίνοντος, χρόνῳ δὲ πρὸς ὀλίγον αὐτὸν κοιμίσας ὅρκῳ εἰς παλιγγενεσίαν ἐκάλεσας, ὅρον θανάτου λύσας ζωὴν ἐξ ἀναστάσεως ἐπηγγείλω. [21] καὶ οὐ τοῦτο μόνον, ἀλλὰ καὶ τοὺς ἐξ αὐτοῦ εἰς πλῆθος ἀνάριθμον χέας, τοὺς ἐμμείναντάς σοι ἐδόξασας, τοὺς δὲ ἀποστάντας σου ἐκόλασας, καὶ τοῦ μὲν Ἄβελ ὡς ὁσίου προσδεξάμενος τὴν θυσίαν, τοῦ δὲ ἀδελφοκτόνου Κάιν ἀποστραφεὶς τὸ δῶρον ὡς ἐναγοῦς· καὶ πρὸς τούτοις τὸν Σὴθ καὶ τὸν Ἐνὼς προσελάβου καὶ τὸν Ἐνὼχ μετατέθεικας. [22] σὺ γὰρ εἶ ὁ δημιουργὸς τῶν ἀνθρώπων καὶ

8 Gen. 2, 8

13 C 8_{16}. M 30_{9} (125_{29}). J 271_{12} (51_{13}). **19** M 30_{10} (125_{30}). J 271_{13} (51_{14}). **24** C 8_{1} $_{17}$. M 30_{18} (126_{1}). J 271_{21} (51_{19}). **31** zu c. 12_{21-26} vgl. Hebr. c. 11_{4-31} I Clem. c. 9—12. Iustin. apol. I c. 53_{8} II 7_{2} dial. c. 19. 111. 131. 138. Drews 24.

τῆς ζωῆς χορηγὸς καὶ τῆς ἐνδείας πληρωτὴς καὶ τῶν νόμων δοτὴρ καὶ τῶν φυλαττόντων αὐτοὺς μισθαποδότης καὶ τῶν παραβαινόντων αὐτοὺς ἔκδικος, ὁ τὸν μέγαν κατακλυσμὸν ἐπαγαγὼν τῷ κόσμῳ διὰ τὸ πλῆθος τῶν ἀσεβησάντων, καὶ τὸν δίκαιον Νῶε ῥυσάμενος ἐκ τοῦ κατακλυσμοῦ ἐν λάρνακι σὺν ὀκτὼ ψυχαῖς, τέλος μὲν τῶν παρῳχηκότων, ἀρχὴν δὲ τῶν μελλόντων ἐπιγίνεσθαι, ὁ τὸ φοβερὸν πῦρ κατὰ τῆς Σοδομηνῆς πενταπόλεως ἐξάψας καὶ γῆν καρποφόρον εἰς ἅλμην θέμενος ἀπὸ κακίας τῶν κατοικούντων ἐν αὐτῇ, καὶ τὸν ὅσιον Λὼτ ἐξαρπάσας τοῦ ἐμπρησμοῦ. [23]σὺ εἶ ὁ τὸν Ἀβραὰμ ῥυσάμενος προγονικῆς ἀσεβείας καὶ κληρονόμον τοῦ κόσμου καταστήσας καὶ ἐμφανίσας αὐτῷ τὸν Χριστόν σου, ὁ τὸν Μελχισεδὲκ ἀρχιερέα σῆς λατρείας προχειρισάμενος, τὸν πολύτλαν θεράποντά σου Ἰὼβ νικητὴν τοῦ ἀρχεκάκου ὄφεως ἀναδείξας, τὸν Ἰσαὰκ ἐπαγγελίας υἱὸν ποιησάμενος, τὸν Ἰακὼβ πατέρα δώδεκα παίδων καὶ τοὺς ἐξ αὐτοῦ εἰς πλῆθος χέας καὶ εἰσαγαγὼν εἰς Αἴγυπτον ἐν ἑβδομήκοντα πέντε ψυχαῖς. [24]σύ, κύριε, τὸν Ἰωσὴφ οὐχ ὑπερεῖδες, ἀλλὰ μισθὸν τῆς διὰ σὲ σωφροσύνης ἔδωκας αὐτῷ τὸ τῶν Αἰγυπτίων ἄρχειν. σύ, κύριε, Ἑβραίους ὑπὸ Αἰγυπτίων καταπονουμένους οὐ περιεῖδες διὰ τὰς πρὸς τοὺς πατέρας αὐτῶν ἐπαγγελίας, ἀλλ' ἐρρύσω, κολάσας Αἰγυπτίους. [25]παραφθειράντων δὲ τῶν ἀνθρώπων τὸν φυσικὸν νόμον, καὶ τὴν κτίσιν ποτὲ μὲν αὐτόματον νομισάντων, ποτὲ δὲ πλεῖον ἢ δεῖ τιμησάντων καὶ σοὶ τῷ θεῷ τῶν πάντων συνταττόντων, οὐκ εἴασας πλανᾶσθαι, ἀλλὰ ἀναδείξας τὸν ἅγιόν σου θεράποντα Μωϋσῆν, δι' αὐτοῦ πρὸς βοήθειαν τοῦ φυσικοῦ τὸν γραπτὸν νόμον δέδωκας, καὶ τὴν κτίσιν ἔδειξας σὸν ἔργον εἶναι, τὴν δὲ πολύθεον πλάνην ἐξώρισας, τὸν Ἀαρὼν καὶ τοὺς ἐξ αὐτοῦ ἱερατικῇ τιμῇ ἐδόξασας, Ἑβραίους ἁμαρτόντας ἐκόλασας, ἐπιστρέφοντας ἐδέξω. [26]τοὺς Αἰγυπτίους δεκαπλήγῳ ἐτιμωρήσω, θάλασσαν διελὼν Ἰσραηλίτας διεβίβασας, Αἰγυπτίους ἐπιδιώξαντας ὑποβρυχίους ἀπώλεσας, ξύλῳ πικρὸν ὕδωρ ἐγλύκανας, ἐκ πέτρας ἀκροτόμου ὕδωρ ἀνέχεας, ἐξ οὐρανοῦ τὸ μάννα ὕσας, τροφὴν ἐξ ἀέρος

---

6 I Petr. 3, 20   8 Ps. 106, 34

ὀρτυγομήτραν, στύλον πυρὸς τὴν νύκτα πρὸς φωτισμὸν καὶ στύλον νεφέλης ἡμέρας πρὸς σκιασμὸν θάλπους. τὸν Ἰησοῦν στρατηγὸν ἀναδείξας, ἑπτὰ ἔθνη Χαναναίων δι' αὐτοῦ καθεῖλες, Ἰορδάνην διέρρηξας, τοὺς ποταμοὺς Ἠθὰμ ἐξήρανας, τείχη κατέρρηξας ἄνευ μηχανημάτων καὶ χειρὸς ἀνθρωπίνης. [27]ὑπὲρ ἁπάντων σοι ἡ δόξα, δέσποτα παντοκράτορ. σὲ προσκυνοῦσιν ἀνάριθμοι στρατιαὶ ἀγγέλων, ἀρχαγγέλων, θρόνων, κυριοτήτων, ἀρχῶν, ἐξουσιῶν, δυνάμεων, στρατιῶν αἰωνίων· τὰ Χερουβὶμ καὶ τὰ ἑξαπτέρυγα Σεραφὶμ ταῖς μὲν δυσὶ κατακαλύπτοντα τοὺς πόδας, ταῖς δὲ δυσὶ τὰς κεφαλάς, ταῖς δὲ δυσὶ πετόμενα, καὶ λέγοντα ἅμα χιλίαις χιλιάσιν ἀρχαγγέλων καὶ μυρίαις μυριάσιν ἀγγέλων ἀκαταπαύστως καὶ ἀσιγήτως βοώσαις·

Καὶ πᾶς ὁ λαὸς ἅμα εἰπάτω Ἅγιος, ἅγιος, ἅγιος κύριος Σαβαώθ, πλήρης ὁ οὐρανὸς καὶ ἡ γῆ τῆς δόξης αὐτοῦ· εὐλογητὸς εἰς τοὺς αἰῶνας· ἀμήν.

[28]*Καὶ ὁ ἀρχιερεὺς ἑξῆς λεγέτω* [29]Ἅγιος γὰρ εἶ ὡς ἀληθῶς καὶ πανάγιος, ὕψιστος καὶ ὑπερυψούμενος εἰς τοὺς αἰῶνας· [30]ἅγιος δὲ καὶ ὁ μονογενής σου υἱός, ὁ κύριος ἡμῶν καὶ θεὸς Ἰησοῦς ὁ Χριστός, ὃς εἰς πάντα ὑπηρετησάμενός σοι τῷ θεῷ αὐτοῦ καὶ πατρί, εἴς τε δημιουργίαν διάφορον καὶ πρόνοιαν κατάλληλον, οὐ περιεῖδε τὸ γένος τῶν ἀνθρώπων ἀπολλύμενον, ἀλλὰ μετὰ φυσικὸν νόμον, μετὰ νομικὴν παραίνεσιν, μετὰ προφητικοὺς ἐλέγχους καὶ τὰς τῶν ἀγγέλων ἐπιστασίας (παραφθειρόντων σὺν τῷ θετῷ καὶ τὸν φυσικὸν νόμον καὶ τῆς μνήμης ἐκβαλλόντων τὸν κατακλυσμόν, τὴν ἐκπύρωσιν, τὰς κατ' Αἰγυπτίων πληγάς, τὰς κατὰ Παλαιστινῶν σφαγάς, καὶ μελλόντων ὅσον οὐδέπω ἀπόλλυσθαι πάντων) εὐδόκησεν αὐτὸς γνώμῃ σῇ ὁ δημιουργὸς ἀνθρώπου ἄνθρωπος γενέσθαι, ὁ νομοθέτης ὑπὸ νόμους, ὁ ἀρχιερεὺς ἱερεῖον, ὁ ποιμὴν πρόβατον [31]καὶ ἐξευμενίσατό σε τὸν ἑαυτοῦ θεὸν καὶ πατέρα καὶ τῷ κόσμῳ κατήλλαξε καὶ τῆς ἐπικειμένης ὀργῆς τοὺς

---

4 Ps. 73, 15 9 Is. 6, 2 13 Is. 6, 3 17 Dan. 3, 52

---

6 zu 12_{27} vgl. C 8_{8}. M 48_{19} (131_{26}). J 269_{2} (50_{16}). R § 18. Cyr. 14_{30} ff. I Clem. c. 34_{5-7} Drews 21 **16** C 9_{1}. M 50_{8} (132_{11}). J 271_{1} (51_{6}). **21** M 30_{10} ff. (125_{30} ff.). J 271_{14} ff. (51_{14} ff.).

πάντας ἠλευθέρωσε γενόμενος ἐκ παρθένου, γενόμενος ἐν σαρκὶ ὁ θεὸς λόγος, ὁ ἀγαπητὸς υἱός, ὁ πρωτότοκος πάσης κτίσεως, κατὰ τὰς περὶ αὐτοῦ ὑπ' αὐτοῦ προρρηθείσας προφητείας ἐκ σπέρματος Δαβὶδ καὶ Ἀβραάμ, φυλῆς Ἰούδα, καὶ γέγονεν ἐν μήτρᾳ παρθένου ὁ διαπλάσσων πάντας τοὺς γεννωμένους, καὶ ἐσαρκώθη ὁ ἄσαρκος, ὁ ἀχρόνως γεννηθεὶς ἐν χρόνῳ γεγέννηται. [32] πολιτευσάμενος ὁσίως καὶ παιδεύσας ἐνθέσμως, πᾶσαν νόσον καὶ πᾶσαν μαλακίαν ἐξ ἀνθρώπων ἀπελάσας σημεῖά τε καὶ τέρατα ἐν τῷ λαῷ ποιήσας, τροφῆς καὶ ποτοῦ καὶ ὕπνου μεταλαβὼν ὁ τρέφων πάντας τοὺς χρῄζοντας τροφῆς καὶ ἐμπιπλῶν πᾶν ζῷον εὐδοκίας, ἐφανέρωσέ σου τὸ ὄνομα τοῖς ἀγνοοῦσιν αὐτό, τὴν ἄγνοιαν ἐφυγάδευσε, τὴν εὐσέβειαν ἀνεζωπύρωσε, τὸ θέλημά σου ἐπλήρωσε, τὸ ἔργον ὃ ἔδωκας αὐτῷ ἐτελείωσε. [33] καὶ ταῦτα πάντα κατορθώσας, χερσὶν ἀνόμων κατασχεθεὶς ἱερέων καὶ ἀρχιερέων ψευδωνύμων καὶ λαοῦ παρανόμου προδοσίᾳ τοῦ τὴν κακίαν νοσήσαντος καὶ πολλὰ παθὼν ὑπ' αὐτῶν καὶ πᾶσαν ἀτιμίαν ὑποστὰς σῇ συγχωρήσει, παραδοθεὶς Πιλάτῳ τῷ ἡγεμόνι καὶ κριθεὶς ὁ κριτὴς καὶ κατακριθεὶς ὁ σωτήρ, σταυρῷ προσηλώθη ὁ ἀπαθὴς καὶ ἀπέθανεν ὁ τῇ φύσει ἀθάνατος καὶ ἐτάφη ὁ ζωοποιός, ἵνα πάθους λύσῃ καὶ θανάτου ἐξέληται τούτους δι' οὓς παρεγένετο, καὶ ῥήξῃ τὰ δεσμὰ τοῦ διαβόλου καὶ ῥύσηται τοὺς ἀνθρώπους ἐκ τῆς ἀπάτης αὐτοῦ. [34] καὶ ἀνέστη ἐκ νεκρῶν τῇ τρίτῃ ἡμέρᾳ καὶ τεσσαράκοντα ἡμέρας ἐνδιατρίψας τοῖς μαθηταῖς ἀνελήφθη εἰς τοὺς οὐρανοὺς καὶ ἐκαθέσθη ἐκ δεξιῶν σου τοῦ θεοῦ καὶ πατρὸς αὐτοῦ.

[35] Μεμνημένοι οὖν ὧν δι' ἡμᾶς ὑπέμεινεν, εὐχαριστοῦμέν σοι, θεὲ παντοκράτορ, οὐχ ὅσον ὀφείλομεν, ἀλλ' ὅσον δυνάμεθα, καὶ τὴν διάταξιν αὐτοῦ πληροῦμεν. [36] ἐν ᾗ γὰρ νυκτὶ παρεδίδοτο, λαβὼν ἄρτον ταῖς ἁγίαις καὶ ἀμώμοις αὐτοῦ χερσὶ

---

2 Col. 1, 15 8 Matth. 4, 23 11 Ps. 144, 16 14 Joh. 17, 4 25 Marc. 16, 19 29 I Cor. 11, 23ff.

---

1 J 271_{22} ff. (51_{19} ff.). R § 11. Iustin apol. I c. 32_2 u. ö. s. Drews 83. **29** C 10_1 ff. M 50_{16} (132_{16} ff.). J 273_3 (51_{24} ff.). R. § 24. Iustin apol. I c. 66_3 p. 6_8 Drews 88.

καὶ ἀναβλέψας πρὸς σέ, τὸν θεὸν αὐτοῦ καὶ πατέρα, καὶ κλάσας ἔδωκε τοῖς μαθηταῖς, εἰπὼν Τοῦτο τὸ μυστήριον τῆς καινῆς διαθήκης, λάβετε ἐξ αὐτοῦ, φάγετε, τοῦτό ἐστι τὸ σῶμά μου τὸ περὶ πολλῶν θρυπτόμενον εἰς ἄφεσιν ἁμαρτιῶν. [37] ὡσαύτως καὶ τὸ ποτήριον κεράσας ἐξ οἴνου καὶ ὕδατος καὶ ἁγιάσας ἐπέδωκεν αὐτοῖς, λέγων Πίετε ἐξ αὐτοῦ πάντες, τοῦτό ἐστι τὸ αἷμά μου τὸ περὶ πολλῶν ἐκχυνόμενον εἰς ἄφεσιν ἁμαρτιῶν· τοῦτο ποιεῖτε εἰς τὴν ἐμὴν ἀνάμνησιν· ὁσάκις γὰρ ἐὰν ἐσθίητε τὸν ἄρτον τοῦτον καὶ πίνητε τὸ ποτήριον τοῦτο, τὸν θάνατον τὸν ἐμὸν καταγγέλλετε, ἄχρις ἂν ἔλθω.

[38] Μεμνημένοι τοίνυν τοῦ πάθους αὐτοῦ καὶ τοῦ θανάτου καὶ τῆς ἐκ νεκρῶν ἀναστάσεως καὶ τῆς εἰς οὐρανοὺς ἐπανόδου καὶ τῆς μελλούσης αὐτοῦ δευτέρας παρουσίας, ἐν ᾗ ἔρχεται μετὰ δόξης καὶ δυνάμεως κρῖναι ζῶντας καὶ νεκροὺς καὶ ἀποδοῦναι ἑκάστῳ κατὰ τὰ ἔργα αὐτοῦ, προσφέρομέν σοι, τῷ βασιλεῖ καὶ θεῷ, κατὰ τὴν αὐτοῦ διάταξιν τὸν ἄρτον τοῦτον καὶ τὸ ποτήριον τοῦτο, εὐχαριστοῦντές σοι δι᾽ αὐτοῦ ἐφ᾽ οἷς κατηξίωσας ἡμᾶς ἑστάναι ἐνώπιόν σου καὶ ἱερατεύειν σοι· [39] καὶ ἀξιοῦμέν σε ὅπως εὐμενῶς ἐπιβλέψῃς ἐπὶ τὰ προκείμενα δῶρα ταῦτα ἐνώπιόν σου, σὺ ὁ ἀνενδεὴς θεός, καὶ εὐδοκήσῃς ἐπ᾽ αὐτοῖς εἰς τιμὴν τοῦ Χριστοῦ σου καὶ καταπέμψῃς τὸ ἅγιόν σοῦ πνεῦμα ἐπὶ τὴν θυσίαν ταύτην, τὸν μάρτυρα τῶν παθημάτων τοῦ κυρίου Ἰησοῦ, ὅπως ἀποφήνῃ τὸν ἄρτον τοῦτον σῶμα τοῦ Χριστοῦ σου καὶ τὸ ποτήριον τοῦτο αἷμα τοῦ Χριστοῦ σου· ἵνα οἱ μεταλαβόντες αὐτοῦ βεβαιωθῶσι πρὸς εὐσέβειαν, ἀφέσεως ἁμαρτημάτων τύχωσι, τοῦ διαβόλου καὶ τῆς πλάνης αὐτοῦ ῥυσθῶσι, πνεύματος ἁγίου πληρωθῶσιν, ἄξιοι τοῦ Χριστοῦ σου γένωνται, ζωῆς αἰωνίου τύχωσι, σοῦ καταλλαγέντος αὐτοῖς, δέσποτα παντοκράτορ.

---

14 I Petr. 4, 5 15 Rom. 2, 6 23 I Petr. 5, 1

---

11 C 10_{10}. M 54_1 (133_{22}). J 275_{18} (52_{30}). R § 25 a. Iustin dial. c. 116 f. Drews 90. **15** προσφέρομεν: C 10_{14}. M 54_{15} (133_{30}). J 275_{30} (53_4). R. § 25 b. **19** εὐμενῶς ἐπιβλέψῃς: C 3_2. R § 26 a. 23. 19. **21** καταπέμψῃς: C 11_1. M 56_1 (133_{31}). J 277_{21} (53_{21}) 279_{11} (54_2). Cyr. 15_8. R § 14. 23. **25** ἵνα: C 11_7. M 58_5 (134_{22}). J 279_{23} (54_{14}).

[40]Ἔτι δεόμεθά σου, κύριε, καὶ ὑπὲρ τῆς ἁγίας σου ἐκκλησίας τῆς ἀπὸ περάτων ἕως περάτων, ἣν περιεποιήσω τῷ τιμίῳ αἵματι τοῦ Χριστοῦ σου, ὅπως αὐτὴν διαφυλάξῃς ἄσειστον καὶ ἀκλυδώνιστον ἄχρι τῆς συντελείας τοῦ αἰῶνος· καὶ ὑπὲρ πάσης ἐπισκοπῆς τῆς ὀρθοτομούσης τὸν λόγον τῆς ἀληθείας. [41]ἔτι παρακαλοῦμέν σε καὶ ὑπὲρ τῆς ἐμῆς τοῦ προσφέροντός σοι οὐδενίας καὶ ὑπὲρ παντὸς τοῦ πρεσβυτερίου, ὑπὲρ τῶν διακόνων καὶ παντὸς τοῦ κλήρου, ἵνα πάντας σοφίσας πνεύματος ἁγίου πληρώσῃς. [42]ἔτι παρακαλοῦμέν σε, κύριε, ὑπὲρ τοῦ βασιλέως καὶ τῶν ἐν ὑπεροχῇ καὶ παντὸς τοῦ στρατοπέδου, ἵνα εἰρηνεύωνται τὰ πρὸς ἡμᾶς, ὅπως ἐν ἡσυχίᾳ καὶ ὁμονοίᾳ διάγοντες τὸν πάντα χρόνον τῆς ζωῆς ἡμῶν δοξάζωμέν σε διὰ Ἰησοῦ Χριστοῦ τῆς ἐλπίδος ἡμῶν. [43]ἔτι προσφέρομέν σοι καὶ ὑπὲρ πάντων τῶν ἀπ᾽ αἰῶνος εὐαρεστησάντων σοι ἁγίων, πατριαρχῶν, προφητῶν, δικαίων, ἀποστόλων, μαρτύρων, ὁμολογητῶν, ἐπισκόπων, πρεσβυτέρων, διακόνων, ὑποδιακόνων, ἀναγνωστῶν, ψαλτῶν, παρθένων, χηρῶν, λαϊκῶν καὶ πάντων ὧν αὐτὸς ἐπίστασαι τὰ ὀνόματα. [44]ἔτι προσφέρομέν σοι ὑπὲρ τοῦ λαοῦ τούτου, ἵνα ἀναδείξῃς αὐτὸν εἰς ἔπαινον τοῦ Χριστοῦ σου βασίλειον ἱεράτευμα, ἔθνος ἅγιον, ὑπὲρ τῶν ἐν παρθενίᾳ καὶ ἁγνείᾳ, ὑπὲρ τῶν χηρῶν τῆς ἐκκησίας, ὑπὲρ τῶν ἐν σεμνοῖς γάμοις καὶ τεκνογονίαις, ὑπὲρ τῶν νηπίων τοῦ λαοῦ σου, ὅπως μηδένα ἡμῶν ἀπόβλητον ποιήσῃς. [45]ἔτι ἀξιοῦμέν σε καὶ

---

2 Ps. 71, 8   2 Act. 20, 28   5 II Tim. 2, 15   13 I Tim. 1, 1   20 I Petr. 2, 9

---

1 zu c. 12_{40-50} vgl. c. 10_{3}—11_{6}. 13_{4-9}. 15_{4-5}. **2** ἐκκλησίας: C 12_{14}. M 30_{30} (126_{14}). J 249_{2} (45_{5}) 281_{14} (54_{29}). R § 19 Const. ap. II p. 9_{23}. Cyr. 15_{14}. **5** C 12_{9}. M 8_{22} (115_{12}) 10_{24} (116_{7}) 20_{20} (121_{19}) 44_{9} (130_{7}). J 281_{19} (55_{2}). s. oben s. 9_{1}. **6** ἐμῆς: M 44_{29} (130_{23}). J 283_{13} (55_{5}). Const. ap. II p. 9_{25}. **7** πρεσβυτερίου etc.: M 10_{24} (116_{7}) 46_{3} (130_{25}). J 283_{15} (55_{6}). **10** βασιλέως: C 12_{16}. M 6_{23} (114_{24}) 18_{14} (120_{1}) 32_{4} (126_{18}) 38_{15} (128_{10}). J 249_{5} (45_{18}) 285_{2} (55_{13}). Const. ap. II p. 9_{26}. Cyr. 15_{15}. Just. ap. I c. 17_{3}. **15** ἁγίων etc.: C 11_{13} M 40_{6} (128_{24}) vgl. J 225_{22} (35_{10}) 235_{31} (40_{4}) 253_{11} (48_{5}) 289_{18} (56_{21}) 293_{7} (57_{6}). R § 21. Cyr. 15_{20}. **16** ἐπισκόπων etc.: vgl. oben z. $_{5}$. $_{7}$. Cyr. 15_{22}. **18** ἐπίστασαι τὰ ὀνόματα vgl. R § 20. **19** λαοῦ: M 8_{25} (115_{13}) 10_{26} (116_{8}) 46_{19} (131_{4}). J 231_{11} (37_{10}) 303_{5} (57_{29}). R § 20. **20** παρθενίᾳ: C 11_{15} 12_{14}. $_{15}$. J 251_{4}. $_{7}$ (46_{7}. $_{10}$). **22** γάμοις: J 251_{5} (46_{9}).

ὑπὲρ τῆς πόλεως ταύτης καὶ τῶν ἐνοικούντων, ὑπὲρ τῶν ἐν ἀρρωστίαις, ὑπὲρ τῶν ἐν πικρᾷ δουλείᾳ, ὑπὲρ τῶν ἐν ἐξορίαις, ὑπὲρ τῶν ἐν δημεύσει, ὑπὲρ πλεόντων καὶ ὁδοιπορούντων, ὅπως πάντων ἐπίκουρος γένῃ, πάντων βοηθὸς καὶ ἀντιλήπτωρ. [46]ἔτι παρακαλοῦμέν σε ὑπὲρ τῶν μισούντων ἡμᾶς καὶ διωκόντων ἡμᾶς διὰ τὸ ὄνομά σου, ὑπὲρ τῶν ἔξω ὄντων καὶ πεπλανημένων, ὅπως ἐπιστρέψῃς αὐτοὺς εἰς ἀγαθὸν καὶ τὸν θυμὸν αὐτῶν πραΰνῃς. [47]ἔτι παρακαλοῦμέν σε καὶ ὑπὲρ τῶν κατηχουμένων τῆς ἐκκλησίας καὶ ὑπὲρ τῶν χειμαζομένων ὑπὸ τοῦ ἀλλοτρίου καὶ ὑπὲρ τῶν ἐν μετανοίᾳ ἀδελφῶν ἡμῶν, ὅπως τοὺς μὲν τελειώσῃς ἐν τῇ πίστει, τοὺς δὲ καθαρίσῃς ἐκ τῆς ἐνεργείας τοῦ πονηροῦ, τῶν δὲ τὴν μετάνοιαν προσδέξῃ, καὶ συγχωρήσῃς καὶ αὐτοῖς καὶ ἡμῖν τὰ παραπτώματα ἡμῶν. [48]ἔτι προσφέρομέν σοι καὶ ὑπὲρ τῆς εὐκρασίας τοῦ ἀέρος καὶ τῆς εὐφορίας τῶν καρπῶν, ὅπως ἀνελλειπῶς μεταλαμβάνοντες τῶν παρὰ σοῦ ἀγαθῶν, αἰνῶμέν σε ἀπαύστως τὸν διδόντα τροφὴν πάσῃ σαρκί. [49]ἔτι παρακαλοῦμέν σε καὶ ὑπὲρ τῶν δι' εὔλογον αἰτίαν ἀπόντων, ὅπως ἅπαντας ἡμᾶς διατηρήσας ἐν τῇ εὐσεβείᾳ ἐπισυναγάγῃς ἐν τῇ βασιλείᾳ τοῦ Χριστοῦ σου, τοῦ θεοῦ πάσης αἰσθητῆς καὶ νοητῆς φύσεως, τοῦ βασιλέως ἡμῶν, ἀτρέπτους, ἀμέμπτους, ἀνεγκλήτους· [50]ὅτι σοὶ πᾶσα δόξα, σέβας καὶ εὐχαριστία, τιμὴ καὶ προσκύνησις, τῷ πατρὶ καὶ τῷ υἱῷ καὶ τῷ ἁγίῳ πνεύματι, καὶ νῦν καὶ ἀεὶ καὶ εἰς τοὺς ἀνελλειπεῖς καὶ ἀτελευτήτους αἰῶνας τῶν αἰώνων. [51]*καὶ πᾶς ὁ λαὸς λεγέτω* Ἀμήν.

---

6 Matth. 10, 22 16 Ps. 135, 25

---

1 πόλεως: C 13_5. M 18_{19} (120_7) 44_{14} (130_{11}). J 249_{10} (45_{20}) 283_{20} (55_9). **2** ἀρρωστίαις: C 13_8. M 18_2 (119_{17}) $32_{15 \cdot 20}$ ($126_{28 \cdot 29}$) 48_5 (131_{13}). J 249_{20} (46_1) 251_{23} (47_3) 285_{19} (55_{24}). Cyr. 15_{16}. **2** δουλείᾳ etc.: C 13_8. M 32_{23} (126_{31}) 44_{22} (130_{17}) 48_1 (131_{10}). J $251_{10 \cdot 24}$ (46_{17} 47_5) 285_{15} (55_{21}). **3** πλεόντων etc.: C 13_8. M 18_4 (119_{20}) 34_{18} (127_{10}). J 251_9 (46_{15}) 285_{13} (55_{20}). **7** πεπλανημένων: M 48_3 (131_{11}). vgl. J 251_{28} (47_2) **9** κατηχουμένων: oben s. 3_{16}. **9** χειμαζομένων ὑπὸ τοῦ ἀλλοτρίου: oben s. 5_5. M 32_{22} (126_{30}). J 251_1 (46_2) 285_{20} (55_{25}). **10** ἐν μετανοίᾳ: oben s. 6_{27}. **14** ἀέρος etc.: M 18_{12} (119_{24}) 34_{24} (127_{19}). J 251_{32} (47_{18}) 287_{17} (56_7).

13 *Καὶ ὁ ἐπίσκοπος εἰπάτω* Ἡ εἰρήνη τοῦ θεοῦ εἴη μετὰ πάντων ὑμῶν· *καὶ πᾶς ὁ λαὸς λεγέτω* Καὶ μετὰ τοῦ πνεύματός σου.

[2] *Καὶ ὁ διάκονος κηρυσσέτω πάλιν* [3] Ἔτι καὶ ἔτι δεηθῶμεν τοῦ θεοῦ διὰ τοῦ Χριστοῦ αὐτοῦ. ὑπὲρ τοῦ δώρου τοῦ προσκομισθέντος κυρίῳ τῷ θεῷ ἡμῶν δεηθῶμεν, ὅπως ὁ ἀγαθὸς θεὸς προσδέξηται αὐτὸ διὰ τῆς μεσιτείας τοῦ Χριστοῦ αὐτοῦ εἰς τὸ ἐπουράνιον αὐτοῦ θυσιαστήριον εἰς ὀσμὴν εὐωδίας. [4] ὑπὲρ τῆς ἐκκλησίας ταύτης καὶ τοῦ λαοῦ δεηθῶμεν. ὑπὲρ πάσης ἐπισκοπῆς, παντὸς πρεσβυτερίου, πάσης τῆς ἐν Χριστῷ διακονίας καὶ ὑπηρεσίας παντὸς τοῦ πληρώματος τῆς ἐκκλησίας δεηθῶμεν, ὅπως ὁ κύριος πάντας διατηρήσῃ καὶ διαφυλάξῃ. [5] ὑπὲρ βασιλέων καὶ τῶν ἐν ὑπεροχῇ δεηθῶμεν, ἵνα εἰρηνεύωνται τὰ πρὸς ἡμᾶς, ὅπως ἤρεμον καὶ ἡσύχιον βίον ἔχοντες διάγωμεν ἐν πάσῃ εὐσεβείᾳ καὶ σεμνότητι. [6] τῶν ἁγίων μαρτύρων μνημονεύσωμεν, ὅπως κοινωνοὶ γενέσθαι τῆς ἀθλήσεως αὐτῶν καταξιωθῶμεν. ὑπὲρ τῶν ἐν πίστει ἀναπαυσαμένων δεηθῶμεν. [7] ὑπὲρ τῆς εὐκρασίας τῶν ἀέρων καὶ τελεσφορίας τῶν καρπῶν δεηθῶμεν. [8] ὑπὲρ τῶν νεοφωτίστων δεηθῶμεν, ὅπως βεβαιωθῶσιν ἐν τῇ πίστει. πάντες ὑπὲρ ἀλλήλων παρακαλέσωμεν. [9] ἀνάστησον ἡμᾶς, ὁ θεός, ἐν τῇ χάριτί σου. ἀναστάντες ἑαυτοὺς τῷ θεῷ διὰ τοῦ Χριστοῦ αὐτοῦ παραθώμεθα.

[10] *Καὶ ὁ ἐπίσκοπος λεγέτω* Ὁ θεὸς ὁ μέγας καὶ μεγαλώνυμος, ὁ μέγας τῇ βουλῇ καὶ κραταιὸς τοῖς ἔργοις, ὁ θεὸς καὶ πατὴρ τοῦ ἁγίου παιδός σου Ἰησοῦ τοῦ σωτῆρος ἡμῶν, ἐπίβλεψον ἐφ' ἡμᾶς καὶ ἐπὶ τὸ ποίμνιόν σου τοῦτο, ὃ δι' αὐτοῦ ἐξελέξω εἰς δόξαν τοῦ ὀνόματός σου· καὶ ἁγιάσας ἡμῶν

---

8 Eph. 5, 2   13 I Tim. 2, 2   24 Jer. 39, 19   26 Act. 4, 27

---

5 δώρου: J 305_3 (58_{27}) 253_{16} (48_{15}). R § 22. **8** θυσιαστήριον: M 42_{13} (129_{21}) 26_{10} (124_1). J 305_7 (59_2). R § 27. **8** zu 13_{4-9} vgl. 12_{40-50}. **11** πληρώματος: M 8_{25} (115_{13}) 10_{26} (116_8). **16** μαρτύρων . . κοινωνοί: R § 29. **17** ἀναπαυσαμένων: C 11_{13} 12_7. M $40_{3.27}$ $(128_{22}$ $129_{11})$. J 223_{28} (34_2) 251_{25} (47_6). R § 28. Cyr. 15_{19}. **28** C 14_{17} 6_{2-10}. M 60_{17} (135_{21}) 64_4 (137_{11}). J 305_{31} (59_7) 309_{20} (61_2).

τὸ σῶμα καὶ τὴν ψυχὴν καταξίωσον, καθαροὺς γενομένους ἀπὸ παντὸς μολυσμοῦ σαρκὸς καὶ πνεύματος, τυχεῖν τῶν προκειμένων ἀγαθῶν· καὶ μηδένα ἡμῶν ἀνάξιον κρίνῃς, ἀλλὰ βοηθὸς ἡμῶν γενοῦ, ἀντιλήπτωρ, ὑπερασπιστὴς διὰ τοῦ Χριστοῦ σου· μεθ' οὗ σοι δόξα, τιμή, αἶνος, δοξολογία, εὐχαριστία καὶ τῷ ἁγίῳ πνεύματι εἰς τοὺς αἰῶνας· ἀμήν.

[11] *Καὶ μετὰ τὸ πάντας εἰπεῖν* Ἀμὴν *ὁ διάκονος λεγέτω* Πρόσχωμεν· [12] *καὶ ὁ ἐπίσκοπος προσφονησάτω τῷ λαῷ οὕτω* Τὰ ἅγια τοῖς ἁγίοις.

[13] *Καὶ ὁ λαὸς ὑπακουέτω* Εἷς ἅγιος, εἷς κύριος, Ἰησοῦς Χριστὸς εἰς δόξαν θεοῦ πατρὸς εὐλογητὸς εἶ εἰς τοὺς αἰῶνας· ἀμήν. δόξα ἐν ὑψίστοις θεῷ καὶ ἐπὶ γῆς εἰρήνη, ἐν ἀνθρώποις εὐδοκία· ὡσαννὰ τῷ υἱῷ Δαβίδ, εὐλογημένος ὁ ἐρχόμενος ἐν ὀνόματι κυρίου θεὸς κύριος καὶ ἐπεφάνη ἐν ἡμῖν, ὡσαννὰ ἐν τοῖς ὑψίστοις.

[14] *Καὶ μετὰ τοῦτο μεταλαμβανέτω ὁ ἐπίσκοπος, ἔπειτα οἱ πρεσβύτεροι καὶ οἱ διάκονοι καὶ οἱ ὑποδιάκονοι καὶ οἱ ἀναγνῶσται καὶ οἱ ψάλται καὶ οἱ ἀσκηταί, καὶ ἐν ταῖς γυναιξὶν αἱ διάκονοι καὶ αἱ παρθένοι καὶ αἱ χῆραι, εἶτα τὰ παιδία, καὶ τότε πᾶς ὁ λαὸς κατὰ τάξιν μετὰ αἰδοῦς καὶ εὐλαβείας ἄνευ θορύβου.* [15] *καὶ ὁ μὲν ἐπίσκοπος διδότω τὴν προσφορὰν λέγων* Σῶμα Χριστοῦ, *καὶ ὁ δεχόμενος λεγέτω* Ἀμήν· *ὁ δὲ διάκονος κατεχέτω τὸ ποτήριον καὶ ἐπιδιδοὺς λεγέτω* Αἷμα Χριστοῦ, ποτήριον ζωῆς, *καὶ ὁ πίνων λεγέτω* Ἀμήν. [16] *ψαλμὸς δὲ λεγέσθω λγ' ἐν τῷ μεταλαμβάνειν πάντας τοὺς λοιπούς.* [17] *καὶ ὅταν πάντες μεταλάβωσι καὶ πᾶσαι, λαβόντες οἱ διάκονοι τὰ περισσεύσαντα εἰσφερέτωσαν εἰς τὰ παστοφόρια.*

14 *Καὶ ὁ διάκονος λεγέτω, παυσαμένου τοῦ ψάλλοντος* [2] Μεταλαβόντες τοῦ τιμίου σώματος καὶ τοῦ τιμίου αἵματος τοῦ Χριστοῦ εὐχαριστήσωμεν τῷ καταξιώσαντι ἡμᾶς μεταλαβεῖν τῶν

2 II Cor. 7, 1   12 Luc. 2, 14   13 Matth. 21, 9   14 Ps. 117, 27
30 I Petr. 1, 19

8 C 15_{19}. **9** C 15_{20}. M 66_{9} (138_{10}). J 311_{20} (62_{2}). Cyr. 15_{32}.
25 Cyr. 16_{5}. **31** M 68_{18} (141_{9}). J 319_{22} (64_{32}). R § 36.

ἁγίων αὐτοῦ μυστηρίων, καὶ παρακαλέσωμεν μὴ εἰς κρίμα, ἀλλ' εἰς σωτηρίαν ἡμῖν γενέσθαι, εἰς ὠφέλειαν ψυχῆς καὶ σώματος, εἰς φυλακὴν εὐσεβείας, εἰς ἄφεσιν ἁμαρτιῶν, εἰς ζωὴν τοῦ μέλλοντος αἰῶνος. [3]ἐγειρώμεθα· ἐν χάριτι Χριστοῦ ἑαυτοὺς τῷ μόνῳ ἀγεννήτῳ θεῷ καὶ τῷ Χριστῷ αὐτοῦ παραθώμεθα.

15 *Καὶ ὁ ἐπίσκοπος εὐχαριστείτω* [2]Δέσποτα ὁ θεὸς ὁ παντοκράτωρ, ὁ πατὴρ τοῦ Χριστοῦ σου τοῦ εὐλογητοῦ παιδός, ὁ τῶν μετ' εὐθύτητος ἐπικαλουμένων σε ἐπήκοος, ὁ καὶ τῶν σιωπώντων ἐπιστάμενος τὰς ἐντεύξεις· εὐχαριστοῦμέν σοι ὅτι κατηξίωσας ἡμᾶς μεταλαβεῖν τῶν ἁγίων σου μυστηρίων, ἃ παρέσχου ἡμῖν εἰς πληροφορίαν τῶν καλῶς ἐγνωσμένων, εἰς φυλακὴν τῆς εὐσεβείας, εἰς ἄφεσιν πλημμελημάτων· ὅτι τὸ ὄνομα τοῦ Χριστοῦ σου ἐπικέκληται ἐφ' ἡμᾶς, καὶ σοὶ προσῳκειώμεθα. [3]ὁ χωρίσας ἡμᾶς τῆς τῶν ἀσεβῶν κοινωνίας, ἕνωσον ἡμᾶς μετὰ τῶν καθωσιωμένων σοι, στήριξον ἡμᾶς ἐν τῇ ἀληθείᾳ τῇ τοῦ ἁγίου πνεύματος ἐπιφοιτήσει, τὰ ἀγνοούμενα ἀποκάλυψον, τὰ λείποντα προσαναπλήρωσον, τὰ ἐγνωσμένα κράτυνον. [4]τοὺς ἱερεῖς ἀμώμους διαφύλαξον ἐν τῇ λατρείᾳ σου. τοὺς βασιλεῖς διατήρησον ἐν εἰρήνῃ, τοὺς ἄρχοντας ἐν δικαιοσύνῃ, τοὺς ἀέρας ἐν εὐκρασίᾳ, τοὺς καρποὺς ἐν εὐφορίᾳ, τὸν κόσμον ἐν παναλκεῖ προνοίᾳ· τὰ ἔθνη τὰ πολεμικὰ πράυνον, τὰ πεπλανημένα ἐπίστρεψον· [5]τὸν λαόν σου ἁγίασον· τοὺς ἐν παρθενίᾳ διατήρησον, τοὺς ἐν γάμῳ διαφύλαξον ἐν πίστει, τοὺς ἐν ἁγνείᾳ ἐνδυνάμωσον· τὰ νήπια ἅδρυνον, τοὺς νεοτελεῖς βεβαίωσον, τοὺς ἐν κατηχήσει παίδευσον καὶ τῆς μυήσεως ἀξίους ἀνάδειξον· καὶ πάντας ἡμᾶς ἐπισυνάγαγε εἰς τὴν τῶν οὐρανῶν βασιλείαν ἐν Χριστῷ Ἰησοῦ τῷ κυρίῳ ἡμῶν· μεθ' οὗ σοι δόξα, τιμὴ καὶ σέβας καὶ τῷ ἁγίῳ πνεύματι εἰς τοὺς αἰῶνας· ἀμήν.

[6]*Καὶ ὁ διάκονος λεγέτω* Τῷ θεῷ διὰ τοῦ Χριστοῦ αὐτοῦ κλίνατε καὶ εὐλογεῖσθε·

[7]*Καὶ ὁ ἐπίσκοπος ἐπευχέσθω λέγων* Ὁ θεὸς ὁ παντοκράτωρ, ὁ ἀληθινὸς καὶ ἀσύγκριτος, ὁ πανταχοῦ ὢν καὶ τοῖς πᾶσι παρὼν καὶ ἐν οὐδενὶ ὡς ἐνόν τι ὑπάρχων, ὁ τόποις μὴ

---

6 C 15_{27}. **18** zu 15_{4-5} vgl. 12_{40-50}.

περιγραφόμενος, ὁ χρόνοις μὴ παλαιούμενος, ὁ αἰῶσι μὴ περατούμενος, ὁ λόγοις μὴ παραγόμενος, ὁ γενέσει μὴ ὑποκείμενος, ὁ φυλακῆς μὴ δεόμενος, ὁ φθορᾶς ἀνώτερος, ὁ τροπῆς ἀνεπίδεκτος, ὁ φύσει ἀναλλοίωτος, ὁ φῶς οἰκῶν ἀπρόσιτον, ὁ τῇ φύσει ἀόρατος, ὁ γνωστὸς πάσαις ταῖς μετ᾽ εὐνοίας ἐκζητούσαις σε λογικαῖς φύσεσιν, ὁ καταλαμβανόμενος ὑπὸ τῶν ἐν εὐνοίᾳ ἐπιζητούντων σε, ὁ θεὸς Ἰσραήλ, τοῦ ἀληθινῶς ὁρῶντος, τοῦ εἰς Χριστὸν πιστεύσαντος λαοῦ σου· [8] εὐμενὴς γενόμενος ἐπάκουσόν μου διὰ τὸ ὄνομά σου καὶ εὐλόγησον τούς σοι κεκλικότας τοὺς ἑαυτῶν αὐχένας, καὶ δὸς αὐτοῖς τὰ αἰτήματα τῶν καρδιῶν αὐτῶν τὰ ἐπὶ συμφέροντι καὶ μηδένα αὐτῶν ἀπόβλητον ποιήσῃς ἐκ τῆς βασιλείας σου, ἀλλὰ ἁγίασον αὐτούς, φρούρησον, σκέπασον, ἀντιλαβοῦ, ῥῦσαι τοῦ ἀλλοτρίου, παντὸς ἐχθροῦ, τοὺς οἴκους αὐτῶν φύλαξον, τὰς εἰσόδους αὐτῶν καὶ τὰς ἐξόδους φρούρησον· [9] ὅτι σοὶ δόξα, αἶνος, μεγαλοπρέπεια, σέβας, προσκύνησις καὶ τῷ σῷ παιδὶ Ἰησοῦ τῷ Χριστῷ σου, τῷ κυρίῳ ἡμῶν καὶ θεῷ καὶ βασιλεῖ, καὶ τῷ ἁγίῳ πνεύματι νῦν καὶ ἀεὶ καὶ εἰς τοὺς αἰῶνας τῶν αἰώνων· ἀμήν.

[10] *Καὶ ὁ διάκονος ἐρεῖ* Ἀπολύεσθε ἐν εἰρήνῃ.

[11] *Ταῦτα περὶ τῆς μυστικῆς λατρείας διατασσόμεθα ἡμεῖς οἱ ἀπόστολοι ὑμῖν τοῖς ἐπισκόποις καὶ τοῖς πεσβυτέροις καὶ τοῖς διακόνοις.*

---

4 I Tim. 6, 16   15 Ps. 120, 8

---

9 C 15_6. J 323_{31} (67_3)   **20** C 16_7.

CANONES APOSTOLORUM

Die lateinische fassung der canones apostolorum, welche E. Hauler aus einem Veroneser palimpsest des beginnenden VI jahrhunderts ediert hat (Didascaliae Apostolorum fragmenta Ueronensia latina I. 1900), bringt (s. 106 f.) auch ein stück der gottesdienstordnung, welches zu den nachfolgenden texten der Ägypt. Kirchenordnung s. 27 ff. eine wertvolle parallele liefert.

Quicumque factus fuerit episcopus, omnes os offerant pacis, salutantes eum, quia dignus effectus est. Illi vero offerant diacones oblationem, quique inponens manus in eam cum omni praesbyterio dicat gratias agens: 'Dominus vobiscum'. *et omnes dicant:* 'Et cum spirito tuo'. 'Susum corda!' 'Habemus ad dominum'. 'Gratias agamus domino'. 'Dignum et iustum est'. *Et sic iam prosequatur:* 'Gratias tibi referimus, Deus, per dilectum puerum tuum Iesum Christum, quem in ultimis temporibus misisti nobis salvatorem et redemptorem et angelum voluntatis tuae; qui est verbum tuum inseparabile, per quem omnia fecisti et bene placitum tibi fuit; misisti de caelo in matricem virginis, quique in utero habitus incarnatus est et filius tibi ostensus est ex spiritu sancto et virgine natus; qui voluntatem tuam conplens et populum sanctum tibi adquirens extendit manus, cum pateretur, ut a passione liberaret eos, qui in te crediderunt; qui cumque traderetur voluntariae passioni, ut mortem solvat et vincula diaboli dirumpat et infernum calcet et iustos inluminet et terminum figat et resurrectionem manifestet, accipiens panem gratias tibi agens dixit: Accipite, manducate: hoc est corpus meum, quod pro vobis confringetur. Similiter et calicem dicens: Hic est sanguis meus, qui pro vobis effunditur; quando hoc facitis, meam commemorationem facitis. Memores igitur mortis et resurrectionis eius offerimus tibi panem et calicem gratias tibi agentes, quia nos dignos habuisti adstare coram te et tibi ministrare. Et petimus, ut mittas spiritum tuum sanctum in oblationem sanctae ecclesiae; in unum congregans des omnibus, qui percipiunt, sanctis in repletionem spiritus

26 ff. s. 12_{21} ff.

sancti ad confirmationen fidei in veritate, ut te laudemus et glorificemus per puerum tuum Iesum Christum, per quem tibi gloria et honor, patri et filio cum sancto spiritu, in sancta ecclesia tua et nunc et in saecula saeculorum. Amen.

DIE AEGYPTISCHE KIRCHENORDNUNG

Mit diesem namen hat H. ACHELIS eine in koptischer und in äthiopischer sprache erhaltene kirchenordnung bezeichnet, welche mit den Constitutiones Apostolorum aufs engste verwandt ist. Die beschreibung des gottesdienstes entnehme ich der bei ACHELIS Die canones Hippolyti (= Texte u. Unters. VI 4, 1891) s. 47—60 gebotenen übersetzung BACHMANNS. Eine lateinische rekonstruktion gibt FUNK Didasc. et Const. apost. II s. 99f.

Nachdem der bischof ordiniert ist, beglückwünscht ihn jeder einzelne mit dem munde, indem sie ihn küssen, der bischof geworden ist, und wem er dieses amt zuerteilt hat, und der diakon reicht ihm das opfer, und er legt seine hand auf das opfer mit allen presbytern und spricht folgendes dankgebet: Der herr sei mit euch allen. *Das volk spricht:* Er sei ganz mit deinem geiste. *Der bischof spricht:* Erhebet euer herz. *Die ganze gemeinde spricht:* Sie sind beim herrn, unserm gott. *Der bischof spricht:* Lasset uns danken dem herrn. *Die gemeinde:* Recht und gerecht [ist es]. *Darauf sprechen sie das eucharistiegebet, dem bischof folgend:* Wir danken dir, herr, durch deinen lieben sohn, Jesus Christus, den du in den letzten zeiten uns gesandt hast zum erlöser und befreier, den boten deines ratschlusses. Er ist das wort, das von dir [ausging], wodurch du alles gemacht hast durch deinen willen. Und gesandt hast du ihn vom himmel her in den leib einer jungfrau. Fleisch ist er geworden und getragen in deren mutterleib. Und dein sohn ist kundgemacht worden durch den heiligen geist, deinen willen zu erfüllen, und dir dein volk zu bereiten, indem du ausbreitest seine hände. Gelitten hat er, damit er die leidenden befreite, die an dich glauben. Er, der freiwillig sich hingab den leiden, daß er den tod hinwegnähme und die fesseln des satans bräche, und den scheol niederträte

9ff. s. 13_9 ff. 15 s. 13_{12} 17 s. 18_5 20 s. 18_{13} 23ff. s. 18_{21} ff.

und die heiligen herausführte und satzungen begründete und die wiederauferstehung in aussicht stellte: er nahm also das brot, dankte und sprach: Nehmet hin, esset, das ist mein leib, der für euch gebrochen wird. Und ebenso auch den becher und sprach: Das ist mein blut, das für euch vergossen wird; so oft ihr es tut, werdet ihr es tun zu meinem gedächtnis.

Indem wir so seines todes und seiner auferstehung gedenken, bringen wir dir dar dieses brot und den kelch, indem wir dir danken, daß du uns würdig gemacht hast, vor dir zu stehen und dir als priester zu dienen. Und wir bitten dich inständig, daß du sendest deinen heiligen geist zum opfer dieser christlichen kirche. Zugleich gib allen, die [davon] nehmen, daß [es ihnen gereiche] zur heiligkeit und zur erfüllung mit dem heiligen geiste und zur stärkung des glaubens in wahrheit, daß sie dich loben und preisen in deinem sohn Jesus Christus, in dem dir [sei] lob und macht in der heiligen christlichen kirche, jetzt und immerdar und von ewigkeit zu ewigkeit. Amen.

Über die Darbringung des Öls.

Wer beim abendmahl das öl darbringt, hat es [damit] ebenso [zu halten wie] beim brot und wein, indem er in gleicher weise dankt. Wenn er nun jene rede nicht spricht, so mag er seinem vermögen angemessen danksagen, indem er also spricht: Dieses öl weihend gib allein, die damit gesalbt werden, und die da nehmen. Wie du gesalbt hast priester und propheten, so stärke sie sowohl wie jeden, der es kostet, und heilige alle, es empfangen. *Die gemeinde spricht:* wie es war, ist und sein wird von geschlecht zu geschlecht und von ewigkeit zu ewigkeit. Amen.

Der bischof: Wiederum flehen wir zu dem, der alles umfaßt, dem herrn, dem vater des herrn und unseres heilandes Jesu Christi, daß er uns verleihe, daß wir bei der konsekration hinnehmen dieses heilige sakrament, daß er keinen unter uns

2 s. 15_{24} 2 ff. s. 18_{30} ff. 8 ff. s. 19_{11} ff. 12 s. 19_{21} 13 ff. s. 19_{25} ff. 32 ff. s. 23_{3}

verdamme; daß er alle, welche nehmen und das heilige sakrament des leibes und blutes Christi empfangen, würdig mache des allbeherrschers, des herrn, unseres gottes. *Der diakon spricht:* Betet. Herr, du allbeherrscher; durch den empfang des heiligen sakramentes gib uns kraft und verdamme keinen unter uns, sondern segne alle in Christo, in welchem dir mit ihm und dem heiligen geiste lob [sei] und macht [jetzt] und immerdar und von ewigkeit zu ewigkeit. Amen. *Der diakon spricht:* Ihr, die ihr dastehet, neiget euer haupt. Ewiger herr, kenner des verborgenen; dein volk hat dir gebeugt sein haupt und hat dir in die gewalt gegeben die härtigkeit des herzens und fleisches. Schaue herab aus deiner bereiten wohnung und segne sie, männer und frauen; neige ihnen zu dein ohr und erhöre ihr gebet; stärke [sie] mit der kraft deiner rechten und schütze sie vor böser leidenschaft. Sei du ihnen ein wächter des fleisches und der seele. Mehre ihnen, wie uns, den glauben und die [gottes-] furcht, durch deinen einzigen sohn, in welchem dir mit ihm und dem heiligen geiste lob und macht [sei] auf immer und von ewigkeit zn ewigkeit. Amen.

Der diakon spricht: Lasst uns schauen etc. *Der bischof:* Das heiligtum den heiligen. *Die gemeinde spricht:* Ein heiliger vater, ein heiliger sohn, einzig ist der heilige geist. *Der bischof sagt:* Der herr sei mit euch allen. *Die gemeinde antwortet:* Und mit deinem geiste. *Alsdann stimmen sie einen lobpsalm an, und die gemeinde tritt ein und empfängt das heilmittel ihrer seele, wodurch die sünde vergeben wird.*

Gebet, nachdem er ausgeteilt hat: Herr, allbeherrscher, vater des herrn und unsers heilandes Jesu Christi, wir danken dir, daß du uns zuerteilt hast, zu empfangen von deinem heiligen sakrament. Möge es uns nicht gereichen zur schuld, noch zur verdammnis, sondern zur erneuerung der seele, des fleisches und des geistes; durch deinen einzigen sohn, in welchem dir samt ihm und dem heiligen geiste lob und macht [sei] immerdar, jetzt und stets und von ewigkeit zu ewigkeit.

12 s. 23_2 21 ff. s. 23_8 ff. 24 ff. vgl. s. 11_{17} f. 26 s. 23_{25} 28 ff. s. 23_{30} ff.

Amen. *Die gemeinde antwortet:* Amen. *Der presbyter spricht:* Der herr sei mit euch allen.

Handauflegung nach dem empfang. Ewiger herr, allbeherrscher, vater des herrn und unsers heilandes Jesu Christi; segne deine knechte und deine mägde. Schütze, hilf und beglücke durch die kraft deiner engel. Wahre und stärke sie zur furcht gegen dich durch deine majestät. Rüste [sie] aus, daß sie nur das deinige denken, und verleihe, daß sie glauben gewinnen an das deinige und daß sie wollen das deinige, eintracht sonder fehl und zorn schenke [ihnen], durch deinen einzigen sohn, in welchem dir mit ihm und dem heiligen geiste lob erwachse, jetzt etc.

Der bischof spricht: Der herr sei mit euch. *Die gemeinde:* Und mit [deinem geiste]. *Der diakon sagt:* Gehet hin in frieden. *Und darnach ist die eucharistie zu ende.*

DIE ANAPHORA DES SERAPION

Ein liturgisches werk mit 30 gebeten, von denen sich mehrere laut überschrift auf den Ägypter Serapion v. Thmuis, den zeitgenossen des Athanasius, zurückführen, hat WOBBERMIN Altchristl. liturg. Stücke aus Ägypten (Texte u. Unters. N. F. II 3, 1899) und neuerdings FUNK Didascalia et Const. apost. II 158 ff. veröffentlicht. Ich gebe hier (wie auch RAUSCHEN Floril. patrist. 7, 23 ff.) das wichtigste stück nach Funks ausgabe. Näheres bei DREWS in Ztschr. f. Kirchengesch. 1900, 291 ff. 415 ff. BRIGHTMANN in Journal of theol. Studies 1900, 88 ff. 247 ff. BAUMSTARK in Röm. Quartalschrift 1904, 123 ff.

Εὐχὴ προσφόρου Σαραπίωνος ἐπισκόπου.

Ἄξιον καὶ δίκαιόν ἐστιν σὲ τὸν ἀγένητον πατέρα τοῦ μονογενοῦς Ἰησοῦ Χριστοῦ αἰνεῖν ὑμνεῖν δοξολογεῖν. [2] αἰνοῦμεν σέ, ἀγένητε θεέ, ἀνεξιχνίαστε, ἀνέκφραστε, ἀκατανόητε πάσῃ γενητῇ ὑποστάσει. [3] αἰνοῦμεν σὲ τὸν γιγνωσκόμενον ὑπὸ τοῦ υἱοῦ τοῦ μονογενοῦς, τὸν δι᾽ αὐτοῦ λαληθέντα καὶ ἑρμηνευθέντα καὶ γνωσθέντα τῇ γενητῇ φύσει. [4] αἰνοῦμεν σὲ τὸν γιγνώσκοντα τὸν υἱὸν καὶ ἀποκαλύπτοντα τοῖς ἁγίοις τὰς περὶ αὐτοῦ δόξας, τὸν γιγνωσκόμενον ὑπὸ τοῦ γεγεννημένου σου λόγου καὶ ὁρώμενον καὶ διερμηνευόμενον τοῖς ἁγίοις. [5] αἰνοῦμεν σέ, πάτερ ἀόρατε, χορηγὲ τῆς ἀθανασίας· σὺ εἶ ἡ πηγὴ τῆς ζωῆς, ἡ

14 s. 25_{20} 17 ff. vgl. s. 12_{28} ff.

πηγὴ τοῦ φωτός, ἡ πηγὴ πάσης χάριτος καὶ πάσης ἀληθείας, φιλάνθρωπε καὶ φιλόπτωχε, ὁ πᾶσιν καταλλασσόμενος καὶ πάντας πρὸς ἑαυτὸν διὰ τῆς ἐπιδημίας τοῦ ἀγαπητοῦ σου υἱοῦ ἕλκων.

[6]Δεόμεθα, ποίησον ἡμᾶς ζῶντας ἀνθρώπους· δὸς ἡμῖν πνεῦμα φωτός, ἵνα γνῶμεν σὲ τὸν ἀληθινὸν καὶ ὃν ἀπέστειλας Ἰησοῦν Χριστόν· δὸς ἡμῖν πνεῦμα ἅγιον, ἵνα δυνηθῶμεν ἐξειπεῖν καὶ διηγήσασθαι τὰ ἄρρητά σου μυστήρια. [7]λαλησάτω ἐν ἡμῖν ὁ κύριος Ἰησοῦς καὶ ἅγιον πνεῦμα καὶ ὑμνησάτω σὲ δι' ἡμῶν. [8]σὺ γὰρ ὁ ὑπεράνω πάσης ἀρχῆς καὶ ἐξουσίας καὶ δυνάμεως καὶ κυριότητος καὶ παντὸς ὀνόματος ὀνομαζομένου οὐ μόνον ἐν τῷ αἰῶνι τούτῳ, ἀλλὰ καὶ ἐν τῷ μέλλοντι. [9]σοὶ παραστήκουσι χίλιαι χιλιάδες καὶ μυρίαι μυριάδες ἀγγέλων ἀρχαγγέλων, θρόνων, κυριοτήτων, ἀρχῶν, ἐξουσιῶν· σοὶ παραστήκουσιν τὰ δύο τιμιώτατα Σεραφεὶμ ἑξαπτέρυγα, δυσὶν μὲν πτέρυξιν καλύπτοντα τὸ πρόσωπον, δυσὶ δὲ τοὺς πόδας, δυσὶ δὲ πετόμενα καὶ ἁγιάζοντα. [10]μεθ' ὧν δέξαι καὶ τὸν ἡμέτερον ἁγιασμὸν λεγόντων· Ἅγιος ἅγιος ἅγιος κύριος Σαβαώθ, πλήρης ὁ οὐρανὸς καὶ ἡ γῆ τῆς δόξης σου.

[11]Πλήρης ἐστὶν ὁ οὐρανός, πλήρης ἐστὶν καὶ ἡ γῆ τῆς μεγαλοπρεποῦς σου δόξης, κύριε τῶν δυνάμεων. πλήρωσον καὶ τὴν θυσίαν ταύτην τῆς σῆς δυνάμεως καὶ τῆς σῆς μεταλήψεως· σοὶ γὰρ προσηνήγκαμεν ταύτην τὴν ζῶσαν θυσίαν, τὴν προσφορὰν τὴν ἀναίμακτον.

[12]Σοὶ προσηνέγκαμεν τὸν ἄρτον τοῦτον, τὸ ὁμοίωμα τοῦ σώματος τοῦ μονογενοῦς. ὁ ἄρτος οὗτος τοῦ ἁγίου σώματός ἐστιν ὁμοίωμα, ὅτι ὁ κύριος Ἰησοῦς Χριστὸς, ἐν ᾗ νυκτὶ παρεδίδοτο, ἔλαβεν ἄρτον καὶ ἔκλασεν καὶ ἐδίδου τοῖς μαθηταῖς ἑαυτοῦ λέγων Λάβετε καὶ φάγετε, τοῦτό ἐστιν τὸ σῶμά μου τὸ ὑπὲρ ὑμῶν κλώμενον εἰς ἄφεσιν ἁμαρτιῶν. [13]Διὰ τοῦτο καὶ ἡμεῖς τὸ ὁμοίωμα τοῦ θανάτου ποιοῦντες τὸν ἄρτον προσηνέγκαμεν καὶ παρακαλοῦμεν· διὰ τῆς θυσίας ταύτης καταλλάγηθι πᾶσιν ἡμῖν καὶ ἱλάσθητι, θεὲ τῆς ἀληθείας. καὶ ὥσπερ

3 Joh. 12, 32 5 Joh. 17, 3 9 Eph. 1, 21 12 Dan. 7, 10
13 Col. 1, 16 14 Is. 6, 2f. 26 I Cor. 11, 23ff. 30 Rom. 6, 5

9 s. 13_{18} 17_{6}ff. **14** lies nach M 48_{19}ff. (131_{28}ff.) τὰ δύο τιμιώτατά ⟨σου ζῶα, τὰ πολυόμματα Χερουβεὶμ καὶ τὰ⟩ Σεραφεὶμ ἑξαπτέρυγα (Drews). **16** ἁγιάζοντα M 50_{1} (132_{4}) **19** ff. vgl. M 50_{8}ff. (132_{11}ff.) **26** s. 18_{29} **32** ff. Didache 7_{4} p. 2f.

ὁ ἄρτος οὗτος ἐσκορπισμένος ἦν ἐπάνω τῶν ὀρέων καὶ συναχθεὶς ἐγένετο εἰς ἕν, οὕτω καὶ τὴν ἁγίαν σου ἐκκλησίαν σύναξον ἐκ παντὸς ἔθνους καὶ πάσης χώρας καὶ πάσης πόλεως καὶ κώμης καὶ οἴκου καὶ ποίησον μίαν ζῶσαν καθολικὴν ἐκκλησίαν. [14]Προσηνέγκαμεν δὲ καὶ τὸ ποτήριον, τὸ ὁμοίωμα τοῦ αἵματος, ὅτι ὁ κύριος Ἰησοῦς Χριστὸς λαβὼν ποτήριον μετὰ τὸ δειπνῆσαι ἔλεγεν τοῖς ἑαυτοῦ μαθηταῖς Λάβετε πίετε, τοῦτό ἐστιν ἡ καινὴ διαθήκη, ὅ ἐστιν τὸ αἷμά μου τὸ ὑπὲρ ὑμῶν ἐκχυνόμενον εἰς ἄφεσιν ἁμαρτημάτων. διὰ τοῦτο προσηνέγκαμεν καὶ ἡμεῖς τὸ ποτήριον ὁμοίωμα αἵματος προσάγοντες.

[15]Ἐπιδημησάτω, θεὲ τῆς ἀληθείας, ὁ ἅγιός σου λόγος ἐπὶ τὸν ἄρτον τοῦτον, ἵνα γένηται ὁ ἄρτος σῶμα τοῦ λόγου, καὶ ἐπὶ τὸ ποτήριον τοῦτο, ἵνα γένηται τὸ ποτήριον αἷμα τῆς ἀληθείας· καὶ ποίησον πάντας τοὺς κοινωνοῦντας φάρμακον ζωῆς λαβεῖν εἰς θεραπείαν παντὸς νοσήματος καὶ εἰς ἐνδυνάμωσιν πάσης προκοπῆς καὶ ἀρετῆς, μὴ εἰς κατάκρισιν, θεὲ τῆς ἀληθείας, μηδὲ εἰς ἔλεγχον καὶ ὄνειδος. [16]σὲ γὰρ τὸν ἀγένητον ἐπεκαλεσάμεθα διὰ τοῦ μονογενοῦς ἐν ἁγίῳ πνεύματι· ἐλεηθήτω ὁ λαὸς οὗτος, προκοπῆς ἀξιωθήτω, ἀποσταλήτωσαν ἄγγελοι συμπαρόντες τῷ λαῷ εἰς κατάργησιν τοῦ πονηροῦ καὶ εἰς βεβαίωσιν τῆς ἐκκλησίας. [17]παρακαλοῦμεν δὲ καὶ ὑπὲρ πάντων τῶν κεκοιμημένων, ὧν ἐστιν καὶ ἡ ἀνάμνησις. [18]*Μετὰ τὴν ὑποβολὴν τῶν ὀνομάτων*· Ἁγίασον τὰς ψυχὰς ταύτας, σὺ γὰρ πάσας γινώσκεις· ἁγίασον πάσας τὰς ἐν κυρίῳ κοιμηθείσας καὶ συγκαταρίθμησον πάσαις ταῖς ἁγίαις σου δυνάμεσιν καὶ δὸς αὐτοῖς τόπον καὶ μονὴν ἐν τῇ βασιλείᾳ σου. [19]δέξαι δὲ καὶ τὴν εὐχαριστίαν τοῦ λαοῦ καὶ εὐλόγησον τοὺς προσενεγκόντας τὰ πρόσφορα καὶ τὰς εὐχαριστίας καὶ χάρισαι ὑγείαν καὶ ὁλοκληρίαν καὶ εὐθυμίαν, καὶ πᾶσαν προκοπὴν ψυχῆς καὶ σώματος ὅλῳ τῷ λαῷ τούτῳ διὰ τοῦ μονογενοῦς σου Ἰησοῦ Χριστοῦ ἐν ἁγίῳ πνεύματι, ὥσπερ ἦν καὶ ἐστὶν καὶ ἔσται εἰς γενεὰς γενεῶν καὶ εἰς τοὺς σύμπαντας αἰῶνας τῶν αἰώνων, ἀμήν.

16f. Ps. 30, 6

---

11 ff. s. 19_{21}. λόγος: vgl. Athanasius bei Eutychius in A. Mai Script. vet. nov. coll. IX 625 καταβαίνει ὁ λόγος εἰς τὸν ἄρτον καὶ τὸ ποτήριον καὶ γίνεται αὐτοῦ σῶμα. **22** κεκοιμημένων: s. 22_{17} **24** γινώσκεις: s. 20_{18} **28** προσενεγκόντας: s. 9_{21}

Frommannsche Buchdruckerei (Hermann Pohle) in Jena. — 3772

KLEINE TEXTE FÜR THEOLOGISCHE UND PHILOLOGISCHE VORLESUNGEN UND ÜBUNGEN

HERAUSGEGEBEN VON HANS LIETZMANN

1 DAS MURATORISCHE FRAGMENT und die monarchianischen prologe zu den evangelien, herausgegeben von Prof. Lic. Hans Lietzmann. 2. Aufl. 16 S. 0.30 M.

2 DIE DREI ÄLTESTEN MARTYROLOGIEN, herausgegeben von Prof. Lic. Hans Lietzmann. 16 S. 0.40 M.

3 APOCRYPHA I: Reste des Petrusevangeliums, der Petrusapocalypse und des Kerygma Petri, herausgegeben von Prof. Lic. Dr. Erich Klostermann. 2. Aufl. 16 S. 0.30 M.

4 AUSGEWÄHLTE PREDIGTEN I: Origines Homilie X über den propheten Jeremias, herausgegeben von Prof. Lic. Dr. Erich Klostermann. 16 S. 0.30 M.

5 LITURGISCHE TEXTE I: Zur geschichte der orientalischen taufe und messe im 2. und 4. jahrhundert, ausgewählt von Prof. Lic. Hans Lietzmann. 2. Aufl. 16 S. 0.30 M.

6 DIE DIDACHE, mit kritischem apparat herausgegeben von Prof. Lic. Hans Lietzmann. 2. Aufl. 16 S. 0.30 M.

7 BABYLONISCH-ASSYRISCHE TEXTE, übersetzt von Prof. Dr. Carl Bezold I: Die schöpfungslegende. 20 S. 0.30 M.

8 APOCRYPHA II: Evangelien, herausgegeben von Prof. Lic. Dr. Erich Klostermann. 2. Aufl. 21 S. 0.40 M.

9 PTOLEMAEUS BRIEF AN DIE FLORA, herausgegeben von Prof. D. Adolf Harnack. 10 S. 0.30 M.

10 DIE HIMMELFAHRT DES MOSE, herausgegeben von Prof. Lic. Dr. Carl Clemen. 16 S. 0.30 M.

11 APOCRYPHA III: Agrapha, neue Oxyrhynchuslogia, hrsgeg. von Prof. Lic. Dr. Erich Klostermann. 20 S. 0.40 M.

12 APOCRYPHA IV: Die apokryphen briefe des Paulus an die Laodicener und Korinther, herausgegeben von Prof. D. Adolf Harnack. 23 S. 0.40 M.

13 AUSGEWÄHLTE PREDIGTEN II: Fünf festpredigten Augustins in gereimter prosa, herausgegeben von Prof. Lic. Hans Lietzmann. 16 S. 0.30 M.

14 GRIECHISCHE PAPYRI, ausgewählt und erklärt von Prof. D. Hans Lietzmann. 2. Aufl. 32 S. 0.80 M.

15/16 DER PROPHET AMOS, Hebräisch und Griechisch, herausgegeben von D. Johannes Meinhold und Lic. Hans Lietzmann. 32 S. 1.00 M.

17/18 SYMBOLE DER ALTEN KIRCHE, ausgewählt von Prof. Lic. Hans Lietzmann. 32 S. 0.80 M.

19 Liturgische Texte ii: Ordo missae secundum missale romanum, herausgegeben von Prof. Lic. Hans Lietzmann. 23 S. 0.40 M.

20 Antike Fluchtafeln, ausgewählt und erklärt von Prof. Dr. Richard Wünsch. 28 S. 0.60 M.

21 Die Wittenberger u. Leisniger Kastenordnung 1522, 1523, herausg. v. Prof. Lic. H. Lietzmann. 24 S. 0.60 M.

22/23 Die jüdisch-aramäischen Papyri von Assuan sprachlich u. sachl. erklärt von Lic. Dr. W. Staerk. 39 S. 1.00 M.

24/25 Martin Luthers geistliche Lieder herausgegeben von Prof. Dr. Albert Leitzmann. 31 S. 0.60 M.

26/28 Lateinische christliche Inschriften mit einem anhang jüdischer inschriften, ausgewählt und erklärt von Prof. Dr. Ernst Diehl. 48 S. 1.20 M.

29/30 Res gestae divi Avgvsti, herausgegeben und erklärt von Prof. Dr. Ernst Diehl. 2. Aufl. 40 S. 1.20 M.

31 Zwei neue Evangelienfragmente, herausgegeben und erklärt von H. B. Swete. 15 S. 0.40 M.

32 Aramäische Urkunden zur Geschichte des Judentums im VI und V Jahrhundert vor Chr., sprachlich und sachlich erklärt von Prof. Lic. Dr. W. Staerk. 16 S. 0.60 M.

33/34 Supplementum Lyricum, neue bruchstücke von Archilochus Alcaeus Sappho Corinna Pindar, ausgewählt und erklärt von Prof. Dr. Ernst Diehl. 2. Aufl. 44 S. 1.20 M.

35 Liturgische Texte iii: Die konstantinopolitanische messliturgie vor dem IX jahrhundert: Uebersichtliche zusammenstellung des wichtigsten quellenmaterials von Dr. Anton Baumstark. 16 S. 0.40 M.

36 Liturgische Texte iv: Martin Luthers Von ordnung gottesdiensts, Taufbüchlein, Formula missae et communionis 1523 herausgegeben von Prof. D. Hans Lietzmann. 24 S. 0.60 M.

37 Liturgische Texte v: Martin Luthers Deutsche Messe 1526, herausgegeben von Prof. D. Hans Lietzmann. 16 S. 0.40 M.

38/40 Altlateinische Inschriften von Prof. Dr. Ernst Diehl. 64 S. 1.80 M.

41/43 Fasti Consulares Imperii Romani von 30 v. Chr. bis 565 n. Chr. mit Kaiserliste und Anhang bearbeitet von Willy Liebenam. 128 S. 3 M., gbd. 3.40 M.

44/46 Menandri reliquiae nuper repertae herausgegeben von Prof. Dr. Siegfried Sudhaus. 65 S. 1.80 M., gbd. 2.20 M.

Frommannsche Hofbuchdruckerei (Hermann Pohle) in Jena. — 3772

Kolibri 360 GmbH
Ferdinand-Jühlke-Straße 7
99095 Erfurt, Deutschland
produktsicherheit@kolibri360.de